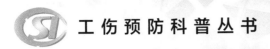

工伤预防科普丛书

冶金工伤预防知识

"工伤预防科普丛书"编委会 编

U0250723

中国劳动社会保障出版社

图书在版编目（CIP）数据

冶金工伤预防知识／"工伤预防科普丛书"编委会编. -- 北京：中国劳动社会保障出版社，2021

（工伤预防科普丛书）

ISBN 978-7-5167-4993-7

Ⅰ. ①冶… Ⅱ. ①工… Ⅲ. ①冶金工业－工伤事故－事故预防－基本知识 Ⅳ. ① X928.903

中国版本图书馆 CIP 数据核字（2021）第 151621 号

中国劳动社会保障出版社出版发行

（北京市惠新东街 1 号 邮政编码：100029）

＊

三河市华骏印务包装有限公司印刷装订 新华书店经销

880 毫米×1230 毫米 32 开本 5.375 印张 110 千字

2021 年 8 月第 1 版 2021 年 8 月第 1 次印刷

定价：25.00 元

读者服务部电话：（010）64929211/84209101/64921644

营销中心电话：（010）64962347

出版社网址：http://www.class.com.cn

"工伤预防科普丛书"编委会

内容简介

　　冶金行业特别是中小型冶金企业是工伤事故多发领域，因生产工艺中存在的危险有害因素引发的工伤事故时常发生，对职工的生命安全和健康造成极大的威胁。本书紧扣相关法律法规、标准规范，从工伤预防的角度出发，以问答的形式列举出冶金行业各个生产工艺中需要掌握的工伤预防知识，用来提高冶金行业用人单位及其职工在生产劳动过程中的工伤事故预防和职业病防治能力。

　　本书内容主要包括：工伤保险和工伤预防基础知识，权利和义务，原料、烧结、球团工伤预防，炼焦、化产、焦化工伤预防，炼铁、炼钢工伤预防，轧钢工伤预防，工业气体安全使用及工伤预防，冶金工伤现场急救知识等内容。本书所选题目典型性、通用性强，文字编写浅显易懂，版式设计新颖活泼，漫画配图直观生动，可作为工伤预防主管部门及用人单位开展工伤预防宣传和培训的参考用书，也可作为提升广大职工工伤预防意识和安全生产素质的普及性学习读物。

前　言

　　工伤预防是工伤保险制度体系的重要组成部分。做好工伤预防工作，开展工伤预防宣传和培训，有利于增强用人单位和职工的守法维权意识，从源头减少工伤事故和职业病的发生，保障职工生命安全和身体健康，减少经济损失，促进社会和谐稳定发展。

　　党和政府历来高度重视工伤预防工作。2009 年以来，全国共开展了三次工伤预防试点工作，为推动工伤预防工作奠定了坚实基础。2017 年，人力资源社会保障部等四部门印发《工伤预防费使用管理暂行办法》，对工伤预防费的使用和管理作出了具体的规定，使工伤预防工作进入了全面推进时期。2020 年，人力资源社会保障部等八部门联合印发《工伤预防五年行动计划（2021—2025 年）》（以下简称《五年行动计划》）。《五年行动计划》要求以习近平新时代中国特色社会主义思想为指导，全面贯彻党的十九大和十九届二中、三中、四中、五中全会精神，坚持以人民为中心的发展思想，完善"预防、康复、补偿"三位一体制度体系，把工伤预防作为工伤保险优先事项，通过推进工伤预防工作，提高工伤预防意识，改善工作场所的劳动条件，防范重特大事故的发生，切实降低工伤发生率，促进经济社会持续健康发展。《五年行动计划》同时明确了九项工作任务，其中包括全面加强工伤预防宣传和深入推进工伤预防培训等内容。

结合目前工伤保险发展现状，立足全面加强工伤预防宣传和深入推进工伤预防培训，我们组织编写了"工伤预防科普丛书"。本套丛书目前包括《〈工伤保险条例〉理解与适用》《〈工伤预防五年行动计划（2021—2025年）〉解读》《农民工工伤预防知识》《工伤预防基础知识》《工伤预防职业病防治知识》《工伤预防个体防护知识》《工伤预防应急救护知识》《建筑施工工伤预防知识》《矿山工伤预防知识》《化工危险化学品工伤预防知识》《机械加工工伤预防知识》《尘毒高危企业工伤预防知识》《交通与运输工伤预防知识》《冶金工伤预防知识》《火灾爆炸工伤预防知识》《有限空间作业工伤预防知识》《物流快递人员工伤预防知识》《网约工工伤预防知识》《公务员和事业单位人员工伤预防知识》《工伤事故典型案例》等分册。本套丛书图文并茂、生动活泼，力求以简洁、通俗易懂的文字普及工伤预防最新政策和科学技术知识，不断提升各行业职工群众的工伤预防意识和自我保护意识。

本套丛书在编写过程中，参阅并部分应用了相关资料与著作，在此对有关著作者和专家表示感谢。由于种种原因，图书可能会存在不当或错误之处，敬请广大读者不吝赐教，以便及时纠正。

"工伤预防科普丛书"编委会

2021年6月

目　录

1. 什么是工伤保险?

工伤保险是社会保险的一个重要组成部分,它通过社会统筹建立工伤保险基金,对保险范围内的职工因在生产经营活动中或在规定的某些情况下遭受意外伤害、职业病以及因这两种情况死亡或暂时或永久丧失劳动能力时,职工或其近亲属能够从国家、社会得到必要的物质补偿,以保证职工或其近亲属的基本生活,受工伤的职工同时可以得到必要的医疗救治和康复服务。工伤保险保障了受伤害职工的合法权益,有利于妥善处理事故和恢复生产,维护正常的生产、生活秩序,维护社会安定。

工伤保险有四个基本特点:一是强制性,国家立法强制一定范围内的用人单位、职工必须参加工伤保险。二是非营利性,工

工伤保险保障了受伤害职工的合法权益，有利于妥善处理事故和恢复生产，维护正常的生产、生活秩序，维护社会安定。

伤保险是国家对职工履行的社会责任，也是职工应该享受的基本权利。国家实行工伤保险制度，目的是保障职工安全健康，因此提供的所有工伤保险有关的服务，均不以营利为目的。三是保障性，职工在发生工伤事故后，国家为职工或其近亲属发放工伤保险待遇，保障其生活。四是互助互济性，是指通过强制征收保险费，建立工伤保险基金，由社会保险机构在人员之间、地区之间、行业之间调剂使用基金。

 法律提示

《工伤保险条例》于 2003 年 4 月 27 日由国务院令第 375 号公布，2004 年 1 月 1 日生效实施。2010 年 12 月 8 日，国务院第 136 次常务会议通过《关于修改〈工伤保险条例〉的决定》，由国务院令第586号公布，自2011年1月1日起施行。

现行《工伤保险条例》分八章六十七条，各章内容为第一章总则，第二章工伤保险基金，第三章工伤认定，第四章劳动能力鉴定，第五章工伤保险待遇，第六章监督管理，第七章法律责任，第八章附则。

2. 落实《工伤保险条例》，施行工伤保险制度有什么重要意义？

2010年12月20日，国务院发布《关于修改〈工伤保险条例〉的决定》，新修订的《工伤保险条例》（以下简称《条例》）从2011年1月1日起正式施行。新《条例》的立法宗旨是：保障因工作遭受事故伤害或患职业病的职工获得医疗救治和经济补偿，促进工伤预防和职业康复，分散用人单位的工伤风险。修订后的《条例》主要体现了以下几个方面的重要意义：

（1）更好地保障工伤职工利益

新《条例》调整扩大了工伤保险实施范围和工伤认定范围，大幅度地提高了工伤待遇水平，简化了认定、鉴定和争议处理程序。这些都可以充分保障工伤职工及其近亲属的合法权益，减少工伤职工的经济负担，进而促进社会和谐稳定。

（2）分散用人单位工伤风险，减轻了经济负担

新《条例》扩大了工伤保险范围，通过社会统筹的工伤保险

制度，分散各类用人单位要承担的工伤职工经济费用，同时因为可以把一些工伤职工管理的具体事务性工作交由相关的工伤保险经办机构处理，也减轻了用人单位管理上的负担。新《条例》规定把部分原来由用人单位支付的工伤职工待遇改为由工伤保险基金支付，还规范统一了工伤职工的待遇标准，保证待遇的及时发放。

（3）有利于加快完善工伤保险制度体系

新《条例》明确了工伤预防的重要性，并且规定了工伤预防费用的使用，确立了工伤预防工作在工伤保险制度中的重要地位；对工伤康复也做了更加明确的规定，使工伤康复相关工作有了法律和物质保障。这样，通过实施新《条例》，工伤预防、工伤补偿和工伤康复"三位一体"的工伤保险制度体系的形成，有利于促进工伤保险制度的事后补偿与事前预防并重的良性循环，从根本上保障了职工的工伤权益。

3. 我国工伤保险制度的适用范围是什么？

《工伤保险条例》第二条规定："中华人民共和国境内的企业、事业单位、社会团体、民办非企业单位、基金会、律师事务所、会计师事务所等组织和有雇工的个体工商户（以下称用人单位）应当依照本条例规定参加工伤保险，为本单位全部职工或者雇工（以下称职工）缴纳工伤保险费。中华人民共和国境内的企业、事业单位、社会团体、民办非企业单位、基金会、律师事务所、会计师事务所等组织的职工和个体工商户的雇工，均有依照本条例的规定享受工伤保险待遇的权利。"

该条所规定的"企业",包括在中国境内的所有形式的企业。按照所有制划分,有国有企业、集体所有制企业、私营企业、外资企业;按照所在地域划分,有城镇企业、乡镇企业;按照企业的组织结构划分,有公司、合伙企业、个人独资企业、股份制企业等。

4. 为什么工伤保险费是由用人单位或雇主缴纳?

工伤保险费是由用人单位或雇主按国家规定的费率缴纳的,职工个人不缴纳任何费用,这是工伤保险与基本养老保险、基本医疗保险等其他社会保险项目的不同之处。个人不缴纳工伤保险费,体现了工伤保险的严格雇主责任。

随着经济、社会的发展,世界各国已达成共识,认为职工在为用人单位创造财富、为社会做出贡献的同时，还冒着付出健康和鲜血的代价。因此，由用人单位缴纳保险费是完全必要和合理的。我国《工伤保险条例》第十条规定："用人单位应当按时缴纳工伤保险费。职工个人不缴纳工伤保险费。用人单位缴纳工伤保险费的数额为本单位职工工资总额乘以单位缴费费率之积。对难以按照工资总额缴纳工伤保险费的行业，其缴纳工伤保险费的具体方式，由国务院社会保险行政部门规定。"

5. 冶金职工必须要参加工伤保险吗？

冶金职工参加工伤保险，既是贯彻落实党中央、国务院关于切实保障和改善民生的要求，更是落实依据《中华人民共和国社会保险法》《中华人民共和国安全生产法》《中华人民共和国职业病防治法》和《工伤保险条例》等法律法规规定，解决目前部分冶金企业安全管理制度不落实、工伤保险参保覆盖率低，一线冶金企业职工特别是农民工工伤维权能力弱、工伤待遇落实难等问题的重要途径，是用人单位的法定义务。因此，相关单位在投产之前，必须为职工办理参加工伤保险手续。

 法律提示

《中华人民共和国社会保险法》第三十三条明确规定："职工应当参加工伤保险，由用人单位缴纳工伤保险费，职工不缴纳工伤保险费。"

6. 什么情形可以认定为工伤和不能认定为工伤？

《工伤保险条例》对工伤的认定作出了明确规定。

（1）应当认定工伤的情形

职工有下列情形之一的，应当认定为工伤：

1）在工作时间和工作场所内，因工作原因受到事故伤害的。

2）工作时间前后在工作场所内，从事与工作有关的预备性或者收尾性工作受到事故伤害的。

3）在工作时间和工作场所内，因履行工作职责受到暴力等意外伤害的。

4）患职业病的。

5）因工外出期间，由于工作原因受到伤害或者发生事故下落不明的。

6）在上下班途中，受到非本人主要责任的交通事故或者城市轨道交通、客运轮渡、火车事故伤害的。

7）法律、行政法规规定应当认定为工伤的其他情形。

（2）视同工伤的情形

职工有下列情形之一的，视同工伤：

1）在工作时间和工作岗位，突发疾病死亡或者在48小时之内经抢救无效死亡的。

2）在抢险救灾等维护国家利益、公共利益活动中受到伤害的。

3）职工原在军队服役，因战、因公负伤致残，已取得革命伤残军人证，到用人单位后旧伤复发的。

职工有前款第一项、第二项情形的，按照《工伤保险条例》有关规定享受工伤保险待遇；职工有前款第三项情形的，按照《工伤保险条例》的有关规定享受除一次性伤残补助金以外的工伤保险待遇。

（3）不得认定工伤的情形

职工符合前述规定，但是有下列情形之一的，不得认定为工伤或者视同工伤：

1）故意犯罪的。

2）醉酒或者吸毒的。

3）自残或者自杀的。

 相关链接

田某在某市铸造厂从事铸造工作。一天，车间主任派他到该厂另外一车间拿工具。在返回工作岗位途中，田某被该厂建筑工地坠落的砖块砸伤头部，当即被送往医院救治，后被诊断为脑挫裂伤。出院后，田某向单位申请工伤保险待遇，但是单位认为他不是在本职岗位受伤，因此不能享受工伤保险待遇。田某遂向当地社会保险行政部门投诉，要求认定其为工伤。

当地社会保险行政部门经调查后认为：虽然田某的致伤地点不是本职岗位，但他是受领导（车间主任）指派离开本职岗位到另一车间拿工具的，故其受伤地点应属于工作场所。这一事故具有一般工伤事故应具备的"三工"要素，即在工作时间、工作地点、因工作原因而受伤。因此，当地社会保险行政部门认定田某为工伤，并责成单位按规定给予田某相关工伤保险待遇。

7. 职工发生工伤后应该怎么办？

（1）工伤认定

用人单位应当自事故伤害发生之日或者被诊断、鉴定为职业病之日起30日内，工伤职工或者其近亲属、工会组织应在事故伤害发生之日或者被诊断、鉴定为职业病之日起1年内，向统筹地区社会保险行政部门提出工伤认定申请，并按照《工伤保险条例》第十八条规定，提交相关申请材料，具体包括：工伤认定申请表；与用人单位存在劳动关系（包括事实劳动关系）的证明材料；医疗诊断证明或者职业病诊断证明书（或者职业病诊断鉴定书）等。

（2）工伤医疗

职工因工作遭受事故伤害或者患职业病进行治疗，享受工伤医疗待遇。职工治疗工伤应当在签订服务协议的医疗机构就医，情况紧急时可以先到就近的医疗机构急救。参保工伤职工治疗工伤所需费用按规定从工伤保险基金支付。

（3）工伤康复

工伤职工到签订服务协议的康复机构进行工伤康复的费用，符合规定的，由工伤保险基金支付。

（4）劳动能力鉴定

职工发生工伤，经治疗伤情相对稳定后存在残疾、影响劳动能力的，应当进行劳动能力鉴定。劳动能力鉴定由用人单位、工伤职工或者其近亲属向设区的市级劳动能力鉴定委员会提出申请，并提供工伤认定决定和职工工伤医疗的有关资料。

（5）工伤保险待遇

已经参加工伤保险的职工受到事故伤害或者被诊断、鉴定为职业病经认定为工伤后，按照《工伤保险条例》规定享受各项工伤保险待遇。

工伤保险待遇包括工伤医疗期间待遇、工伤医疗终结后一次性发放的待遇、工伤医疗终结后定期发放的待遇及因工死亡待遇等。

8. 申请工伤认定的主要流程有哪些？

（1）发生工伤

职工发生工伤事故，或被诊断为职业病。

（2）提出工伤认定申请

职工所在单位应当自职工事故伤害发生之日或者职工被诊断、鉴定为职业病之日起 30 日内，向统筹地区社会保险行政部门提出工伤认定申请。

用人单位未按规定提出工伤认定申请的，工伤职工或者其近亲属、工会组织在事故伤害发生之日或者被诊断、鉴定为职业病之日起 1 年内，可以直接向用人单位所在地统筹地区社会保险行政部门提出工伤认定申请。

（3）备齐申请材料

申请材料包括：①工伤认定申请表；②与用人单位存在劳动关系（包括事实劳动关系）的证明材料；③医疗诊断证明或者职业病诊断证明书（或者职业病诊断鉴定书）。

工伤认定申请表应当包括事故发生的时间、地点、原因以及职工伤害程度等基本情况。

（4）社会保险行政部门受理

申请材料完整，属于社会保险行政部门管辖范围且在受理时效内的，应当受理。申请材料不完整的，社会保险行政部门应当一次性书面告知工伤认定申请人需要补正的全部材料。

（5）作出工伤认定

社会保险行政部门应当自受理工伤认定申请之日起 60 日内作

出工伤认定的决定，并书面通知申请工伤认定的职工或者其近亲属和该职工所在单位。

9. 申请劳动能力鉴定的主要流程有哪些？

（1）职工伤情基本稳定，进行劳动能力鉴定

职工发生工伤，经治疗伤情相对稳定后存在残疾、影响劳动能力的，应当进行劳动能力鉴定。劳动功能障碍分为10个伤残等级，最重的为一级，最轻的为十级。生活自理障碍分为3个等级：生活完全不能自理、生活大部分不能自理和生活部分不能自理。

（2）备齐材料，提出申请

劳动能力鉴定由用人单位、工伤职工或者其近亲属向设区的市级劳动能力鉴定委员会提出申请，并提供工伤认定决定和职工工伤医疗的有关资料。

（3）接受申请，作出鉴定结论

设区的市级劳动能力鉴定委员会应当自收到劳动能力鉴定申请之日起60日内作出劳动能力鉴定结论，必要时，作出劳动能力鉴定结论的期限可以延长30日。劳动能力鉴定结论应当及时送达申请鉴定的单位和个人。

（4）存在异议，可向上级部门提出再次鉴定申请

申请鉴定的单位或者个人对设区的市级劳动能力鉴定委员会作出的鉴定结论不服的，可以在收到该鉴定结论之日起15日内向省、自治区、直辖市劳动能力鉴定委员会提出再次鉴定申请。省、自治区、直辖市劳动能力鉴定委员会作出的劳动能力鉴定结论为

最终结论。

（5）伤残情况发生变化，可申请劳动能力复查鉴定

自劳动能力鉴定结论作出之日起 1 年后，工伤职工或者其近亲属、所在单位或者经办机构认为伤残情况发生变化的，可以申请劳动能力复查鉴定。

10. 工伤治疗待遇主要包括哪些？

《工伤保险条例》中规定的工伤保险待遇主要有：

职工因工作遭受事故伤害或者患职业病进行治疗，享受工伤医疗待遇。

职工治疗工伤应当在签订服务协议的医疗机构就医，情况紧急时可以先到就近的医疗机构急救。

治疗工伤所需费用符合工伤保险诊疗项目目录、工伤保险药品目录、工伤保险住院服务标准的，从工伤保险基金支付。工伤保险诊疗项目目录、工伤保险药品目录、工伤保险住院服务标准，由国务院社会保险行政部门会同国务院卫生行政部门、食品药品监督管理部门等部门规定。

职工住院治疗工伤的伙食补助费，以及经医疗机构出具证明，报经办机构同意，工伤职工到统筹地区以外就医所需的交通、食宿费用从工伤保险基金支付，基金支付的具体标准由统筹地区人民政府规定。

工伤职工治疗非工伤引发的疾病，不享受工伤医疗待遇，按照基本医疗保险办法处理。

工伤职工到签订服务协议的医疗机构进行工伤康复的费用，符合规定的，从工伤保险基金支付。

社会保险行政部门作出认定为工伤的决定后发生行政复议、行政诉讼的，行政复议和行政诉讼期间不停止支付工伤职工治疗工伤的医疗费用。

工伤职工因日常生活或者就业需要，经劳动能力鉴定委员会确认，可以安装假肢、矫形器、假眼、假牙和配置轮椅等辅助器具，所需费用按照国家规定的标准从工伤保险基金支付。

职工因工作遭受事故伤害或者患职业病需要暂停工作接受工伤医疗的，在停工留薪期内，原工资福利待遇不变，由所在单位按月支付。

停工留薪期一般不超过 12 个月。伤情严重或者情况特殊，经设区的市级劳动能力鉴定委员会确认，可以适当延长，但延长不得超过 12 个月。工伤职工评定伤残等级后，停发原待遇，按照本章的有关规定享受伤残待遇。工伤职工在停工留薪期满后仍需治疗的，继续享受工伤医疗待遇。

生活不能自理的工伤职工在停工留薪期需要护理的，由所在单位负责。

工伤职工已经评定伤残等级并经劳动能力鉴定委员会确认需要生活护理的，从工伤保险基金按月支付生活护理费。

生活护理费按照生活完全不能自理、生活大部分不能自理或者生活部分不能自理 3 个不同等级支付，其标准分别为统筹地区上年度职工月平均工资的 50%、40% 或者 30%。

11. 为什么要做好工伤预防？

工伤预防是建立健全工伤预防、工伤补偿和工伤康复"三位一体"工伤保险制度的重要内容，是指事先防范职业伤亡事故以及职业病的发生，减少职业伤亡事故及职业病隐患，改善和创造有利于健康、安全的生产环境和工作条件，保护职工在生产、工作环境中的安全和健康。工伤预防的措施主要包括工程技术措施、教育措施和管理措施。

职工在劳动保护和工伤保险方面的权利与义务是基本一致的。在劳动关系中，获得劳动保护是职工的基本权利，工伤保险又是其劳动保护权利的延续。职工有权获得保障其安全和健康的劳动条件，同时也有义务严格遵守安全操作规程，遵章守纪，预防职业伤害的发生。

当前国际上，现代工伤保险制度已经把事故预防放在优先位置。我国的《工伤保险条例》也把工伤预防定为工伤保险三大任务之一，从而逐步改变了过去重补偿、轻预防的模式。因此，那种"工伤有保险，出事有人赔，只管干活挣钱"的说法，显然是错误的。工伤补偿是发生职业伤害后的救助措施，不能挽回失去的生命和复原残疾的身体。职工只有加强安全生产，才能保障自身的安全，只有做好工伤预防，才能保障自身的健康。生命安全和身体健康是职工的最大利益，用人单位和职工要永远共同坚持"安全第一、预防为主、综合治理"的方针。

12. 为什么要做好安全生产？

安全生产是党和国家在生产建设中一贯的指导思想和重要方针，是全面落实习近平新时代中国特色社会主义思想，构建社会主义和谐社会的必然要求。

安全生产的根本目的是保障职工在生产过程中的安全和健康。安全生产是安全与生产的统一，安全促进生产，生产必须安全，没有安全就无法正常进行生产。搞好安全生产工作，改善劳动条件，减少职工伤亡与财产损失，不仅可以增加企业效益，促进企业健康发展，而且还可以促进社会和谐，保障经济建设安全进行。

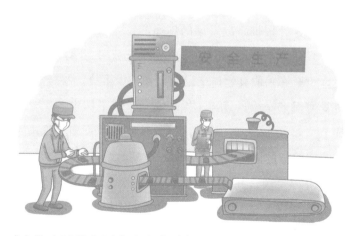

《中华人民共和国安全生产法》（以下简称《安全生产法》）是我国安全生产的专门法律、基本法律，是我国职业安全卫生法律体系的核心，自 2002 年 11 月 1 日起实施。《安全生产法》明确规定安全生产应当以人为本，坚持人民至上、生命至上，把保护人

民生命安全摆在首位，树牢安全发展理念，坚持"安全第一、预防为主、综合治理"的方针。强化和落实生产经营单位的主体责任与政府监管责任，建立生产经营单位负责、职工参与、政府监管、行业自律和社会监督的工作机制。这是党和国家对安全生产工作的总体要求，生产经营单位和从业人员在劳动生产过程中必须严格遵循这一基本方针。

"安全第一"说明和强调了安全的重要性。人的生命是至高无上的，每个人的生命只有一次，要珍惜生命、爱护生命、保护生命。事故意味着对生命的摧残与毁灭，因此，在生产活动中，应把保护人民生命安全摆在首位，坚持最优先考虑人的生命安全。"预防为主"是指安全工作的重点应放在预防事故的发生上，按照系统工程理论，根据事故发展的规律和特点，预防事故发生。安全工作应当做在生产活动之前，事先就充分考虑事故发生的可能性，并自始至终采取有效措施以防止和减少事故。"综合治理"是指要自觉遵循安全生产规律，抓住安全生产工作中的主要矛盾和关键环节。要标本兼治，重在治本，采取各种管理手段预防事故发生，实现治标的同时，研究治本的方法。综合运用科技、经济、法律、行政等手段，并充分发挥社会、职工、舆论的监督作用，从各个方面着手解决影响安全生产的深层次问题，做到思想上、制度上、技术上、监督检查上、事故处理上和应急救援上的综合管理。

法律提示

《中华人民共和国宪法》第四十二条规定：中华人民共和国公民有劳动的权利和义务。国家通过各种途径，创造劳动就业条件，加强劳动保护，改善劳动条件，并在发展生产的基础上，提高劳动报酬和福利待遇。

13. 冶金行业主要危险有害因素有哪些?

（1）冶金业高温冶炼生产过程中产出的铁水、钢水危险性极大。一旦由于罐体倾翻、泼溅、炉体烧穿导致铁水、钢水遇水，就会产生爆炸，导致人员大量伤亡，并造成重大的经济损失。铁水喷溅还容易造成人员被灼烫事故。

（2）各种工业气体使用量大，危险性较大。冶金业大量使用煤气作燃料，煤气的来源多，包括焦炉、高炉、转炉煤气等；煤气的使用场所更多，如炼铁、炼钢、轧钢以及其他辅助生产都要用煤气做燃料；煤气输送管网和设备复杂，对主体生产系统影响巨大，一旦失控立即影响到主体生产系统；煤气还易导致中毒、爆炸事故，造成人员大量伤亡。氧气是冶金工业重要的氧化剂，用量大也极易发生爆炸事故。氮气作为保护气体，适用范围越来越大，易导致人员窒息事故。

（3）冶金企业大量使用起重机械、压力容器和压力管道等特种设备，危险性大。起重机械负荷大，主要用于吊运高温物体，作业环境恶劣，可能发生起重事故，一旦发生铁水罐、钢水罐倾翻事故，后果十分严重。压力容器和压力管道内的介质通常为高温、高压、有毒有害物质，运行线路长，监测、维护困难。

（4）冶金生产设备大型化、机械化、自动化程度较高，高温作业、煤气作业岗位多。作业时常涉及高空、高温作业，高速运动机械，易燃、易爆有毒气体泄漏、腐蚀等危险状况，并且作业空间狭窄，立体交叉作业多，容易发生中毒窒息、火灾爆炸、灼伤、高处坠落、触电、起重伤害和机械伤害等事故。

（5）冶金企业粉尘、噪声、高温、有毒有害等职业危害严重，治理困难。在一些老企业，职业病患病人数超过了工亡人数，尤其是焦化厂和炼钢厂，作业条件十分恶劣。随着自动化水平不断提高，单调作业引起疲劳等职业健康问题的影响越来越大。

（6）主体系统对辅助系统的依赖程度高，一旦出现紧急状况，处置不当极易发生重特大事故。

14. 做好工伤预防，要注意杜绝哪些不安全行为？

一般来说，凡是能够或可能导致事故发生的人为失误均属于不安全行为。《企业职工伤亡事故分类》（GB 6441—1986）中规定的13大类不安全行为如下：

（1）未经许可开动、关停、移动机器；开动、关停机器时未给信号；开关未锁紧，造成意外转动、通电或泄漏等；忘记关闭设备；忽视警告标志、警告信号；操作错误（指按钮、阀门、扳手、把柄等的操作）；奔跑作业；供料或送料速度过快；机械超速运转；违章驾驶机动车；酒后作业；客货混载；冲压机作业时，手伸进冲压模；工件紧固不牢；用压缩空气吹铁屑。

（2）拆除安全装置，安全装置堵塞，调整错误造成安全装置失效。

（3）临时使用不牢固的设施或无安全装置的设备等。

（4）用手代替工具操作；用手清除切屑；不用夹具固定，用手拿工件进行机加工。

（5）成品、半成品、材料、工具、切屑和生产用品等存放不当。

（6）冒险进入危险场所。

（7）攀、坐不安全位置。

（8）在起吊物下作业、停留。

（9）机器运转时从事加油、修理、检查、调整、焊接、清扫等工作。

（10）分散注意力的行为。

（11）在必须使用劳动防护用品用具的作业或场合中，未按规定使用。

（12）在有旋转零部件的设备旁作业穿肥大服装，操纵带有旋转零部件的设备时戴手套。

（13）对易燃、易爆等危险物品处理错误。

 血的教训

　　一天，某矿生产一班给矿皮带工张某、和某两人打扫4号给矿皮带附近的场地，清理积矿。当张某清扫完非人行道上的积矿后，准备到人行道上帮助和某清扫。当时，张某拿着17米长的铁铲，为图方便抄近路，他违章从4号给矿皮带与5号给矿皮带之间穿越（当时，4号给矿皮带正以2米/秒的速度运行，5号给矿皮带已停运）。张某手里拿的铁铲触及运行中的4号给矿皮带的增紧轮，铁铲和人一起被卷到了皮带增紧轮上，铁铲的木柄被折成两段弹了出去，张某的头部顶在增紧轮外的支架上。在高速运转的皮带挤压下，张某头骨破裂，当场死亡。

　　这起事故的直接原因是张某安全意识淡薄，自我保护意识极差，严重违反了给矿皮带工安全操作规程中关于"严禁穿越皮带"的规定。事后据调查，张某曾多次违章穿越皮带，属习惯性违章。正是他的违章行为，导致了这次伤亡事故的发生。

　　这起事故给人们的教训是，用人单位应设置有效的安全防护设施，提高设备的本质安全水平。同时，对职工要加强教育，增强其安全意识，杜绝不安全行为。

15. 做好工伤预防，要注意避免出现哪些不安全心理？

　　根据大量的工伤事故案例分析，导致职工发生职业伤害最常见的不安全心理状态主要有以下几种：

　　（1）自我表现心理——"虽然我进厂时间短，但我年轻、聪

明，干这活儿不在话下……"

（2）经验心理——"多少年一直是这样干的，干了多少遍了，能有什么问题……"

（3）侥幸心理——"完全照操作规程做太麻烦了，变通一下也不一定会出事吧……"

（4）从众心理——"他们都没戴安全帽，我也不戴了……"

（5）逆反心理——"凭什么听班长的呀，今儿就这么干，我就不信会出事……"

（6）反常心理——"早晨孩子肚子疼，自己去了医院，也不知道是什么病，真担心……"

 血的教训

　　某日，某机械厂切割机操作工王某，在巡视纵向切割机时发现刀锯与板坯摩擦，有冒烟和燃烧迹象，如不及时处理有可能引起火灾。王某当即停掉风机和切割机去排除故障，但没有关闭皮带机电源，皮带机仍然处于运转中。当王某伸手去掏燃着的纤维板屑时，袖口连同右臂突然被皮带机齿轮绞住，直到工友听到王某的呼救声才关闭了皮带机电源。此次事故造成王某右臂伤残。这起事故的发生与王某存在侥幸麻痹心理有直接的关系。王某以前多次不关闭皮带机电源就去排除故障，侥幸未造成事故，因而麻痹大意，由此逐渐形成习惯性违章并最终导致惨剧发生。

第2章
权利和义务

16. 职工的工伤保险和工伤预防权利主要体现在哪些方面?

（1）有权获得职业安全卫生的教育和培训，了解所从事的工作可能对身体健康造成的危害和可能发生的不安全事故伤害。

（2）有权获得保障自身安全、健康的劳动条件和劳动防护用品。

（3）有权对用人单位管理人员违章指挥、强令冒险作业予以拒绝。

（4）有权对危害生命安全和身体健康的行为提出批评、检举和控告。

（5）从事职业危害作业的职工有权获得定期健康检查。

（6）发生工伤时，有权得到及时的抢救治疗。

（7）发生工伤后，职工或其近亲属有权向当地社会保险行政部门申请工伤认定和享受工伤保险待遇。

（8）工伤职工有权依法享受有关工伤保险待遇。

（9）工伤职工发生伤残，有权提出劳动能力鉴定申请和再次鉴定申请。自劳动能力鉴定结论作出之日起一年后，工伤职工或者近亲属认为伤残情况发生变化的，可以申请劳动能力复查鉴定。

（10）因工致残尚有工作能力的职工，在就业方面应得到特殊保护。依照法律规定，用人单位对因工致残的职工不得解除劳动合同，并应根据不同情况安排适当工作。在建立和发展工伤康复事业的情况下，工伤职工应当得到职业康复培训和再就业帮助。

（11）职工与用人单位发生工伤待遇方面的争议，按照处理劳动争议的有关规定处理；职工对工伤认定结论不服或对经办机构核定的工伤保险待遇有异议的，可以依法申请行政复议，也可以依法向人民法院提起行政诉讼。

17. 什么是安全生产的知情权和建议权？

在生产劳动过程中，往往存在着一些危害职工人身安全和健康的因素。职工有权了解其作业场所和工作岗位与安全生产有关的情况：一是存在的危险因素；二是防范措施；三是事故应急措施。职工对于安全生产的知情权，是保护其生命健康权的重要前提。如果职工掌握有关安全生产的知识和处理办法，就可以消除许多不安全因素和事故隐患，避免或者减少事故的发生。

同时，职工对本单位的安全生产工作有建议权。安全生产工作涉及职工的生命安全和身体健康，因此职工有权参与用人单位的民主管理。职工通过参与用人单位的民主管理，可以充分调动其关心安全生产的积极性与主动性，为本单位的安全生产工作献计献策、提出意见与建议。

18. 什么是安全生产的批评、检举、控告权？

这里的批评权，是指职工对本单位安全生产工作中存在的问题提出批评的权利。这一权利规定有利于职工对生产经营单位进行群众监督，促使生产经营单位不断改进本单位的安全生产工作。

这里的检举、控告权，是指职工对本单位及有关人员违反安全生产法律法规的行为，有向主管部门和司法机关进行检举和控告的权利。检举提倡实名，可以用书面形式，也可以用口头形式。但是，职工在行使这一权利时，应注意检举和控告的情况必须真实，要实事求是。此外，法律明令禁止对检举和控告者进行打击报复。

19. 女职工依法享有哪些特殊劳动保护权利?

女职工的身体结构和生理特点决定其应受到特殊劳动保护。女职工的体力一般比男职工差，特别是女职工在"五期"（经期、孕期、产期、哺乳期、围绝经期）有特殊的生理变化现象，所以女职工对工业生产过程中的有毒有害因素一般比男职工更敏感。另外，高噪声环境、剧烈振动、放射性物质等都会对女性生殖机能和身体产生有害影响。因此，要做好和加强女职工的特殊劳动保护工作，避免和减少生产劳动过程给女职工带来危害。

《女职工劳动保护特别规定》经 2012 年 4 月 18 日国务院第 200 次常务会议通过，由国务院令第 619 号公布施行。该规定对女职工的特殊劳动保护作出以下要求：

（1）用人单位应当加强女职工劳动保护，采取措施改善女职工劳动安全卫生条件，对女职工进行劳动安全卫生知识培训。

（2）用人单位应当遵守女职工禁忌从事的劳动范围的规定。用人单位应当将本单位属于女职工禁忌从事的劳动范围的岗位书面告知女职工。

（3）用人单位不得因女职工怀孕、生育、哺乳降低其工资、予以辞退、与其解除劳动或者聘用合同。

（4）女职工在孕期不能适应原劳动的，用人单位应当根据医疗机构的证明，予以减轻劳动量或者安排其他能够适应的劳动。对怀孕 7 个月以上的女职工，用人单位不得延长劳动时间或者安排夜班劳动，并应当在劳动时间内安排一定的休息时间。怀孕女职工在劳动时间内进行产前检查，所需时间计入劳动时间。

（5）女职工生育享受 98 天产假，其中产前可以休假 15 天；难产的，增加产假 15 天；生育多胞胎的，每多生育 1 个婴儿，增加产假 15 天。女职工怀孕未满 4 个月流产的，享受 15 天产假；怀孕满 4 个月流产的，享受 42 天产假。

（6）女职工产假期间的生育津贴：对已经参加生育保险的，按照用人单位上年度职工月平均工资的标准由生育保险基金支付；对未参加生育保险的，按照女职工产假前工资的标准由用人单位支付。女职工生育或者流产的医疗费用，按照生育保险规定的项目和标准，对已经参加生育保险的，由生育保险基金支付；对未参加生育保险的，由用人单位支付。

（7）对哺乳未满1周岁婴儿的女职工，用人单位不得延长劳动时间或者安排夜班劳动。用人单位应当在每天的劳动时间内为哺乳期女职工安排1小时哺乳时间；女职工生育多胞胎的，每多哺乳1个婴儿每天增加1小时哺乳时间。

（8）女职工比较多的用人单位应当根据女职工的需要，建立女职工卫生室、孕妇休息室、哺乳室等设施，妥善解决女职工在生理卫生、哺乳方面的困难。

（9）在劳动场所，用人单位应当预防和制止对女职工的性骚扰。

（10）用人单位违反有关规定，侵害女职工合法权益的，女职工可以依法投诉、举报、申诉，依法向劳动人事争议调解仲裁机构申请调解仲裁，对仲裁裁决不服的，可以依法向人民法院提起诉讼。

 法律提示

（1）女职工禁忌从事的劳动范围如下：

1）矿山井下作业。

2）体力劳动强度分级标准中规定的第四级体力劳动强度的作业。

3）每小时负重6次以上、每次负重超过20千克的作业，或者间断负重、每次负重超过25千克的作业。

（2）女职工在经期禁忌从事的劳动范围如下：

1）冷水作业分级标准中规定的第二级、第三级、第四级冷水作业。

2）低温作业分级标准中规定的第二级、第三级、第四级低温作业。

3）体力劳动强度分级标准中规定的第三级、第四级体力劳动强度的作业。

4）高处作业分级标准中规定的第三级、第四级高处作业。

（3）女职工在孕期禁忌从事的劳动范围如下：

1）作业场所空气中铅及其化合物、汞及其化合物、苯、镉、铍、砷、氰化物、氮氧化物、一氧化碳、二硫化碳、氯、己内酰胺、氯丁二烯、氯乙烯、环氧乙烷、苯胺、甲醛等有毒物质浓度超过国家职业卫生标准的作业。

2）从事抗癌药物、己烯雌酚生产，接触麻醉剂气体等的作业。

3）非密封源放射性物质的操作，核事故与放射事故的应急处置。

4）高处作业分级标准中规定的高处作业。

5）冷水作业分级标准中规定的冷水作业。

6）低温作业分级标准中规定的低温作业。

7）高温作业分级标准中规定的第三级、第四级的作业。

8）噪声作业分级标准中规定的第三级、第四级的作业。

9）体力劳动强度分级标准中规定的第三级、第四级体力劳动强度的作业。

10）在密闭空间、高压室作业或者潜水作业，伴有强烈振动的作业，或者需要频繁弯腰、攀高、下蹲的作业。

（4）女职工在哺乳期禁忌从事的劳动范围如下：

1）孕期禁忌从事的劳动范围的第一项、第三项、第九项。

2）作业场所空气中锰、氟、溴、甲醇、有机磷化合物、有机氯化合物等有毒物质浓度超过国家职业卫生标准的作业。

20. 为什么未成年工享有特殊劳动保护权利？

未成年工依法享有特殊劳动保护的权利。这是针对未成年工处于生长发育期的特点所采取的特殊劳动保护措施。

　　未成年工处于生长发育期，身体机能尚未健全，也缺乏生产知识和生产技能，过重及过度紧张的劳动、不良的工作环境、不适的劳动工种或劳动岗位，都会对他们产生不利影响，如果劳动过程中不进行特殊保护就会损害他们的身体健康。

　　例如，未成年少女长期从事负重作业和立位作业，可影响骨盆正常发育，将影响其成年后的生育，会使难产发病率增高；未成年工对生产性毒物敏感性较高，长期从事有毒有害作业易引起职业中毒，影响其生长发育。

 法律提示

　　《中华人民共和国劳动法》第五十八条第二款规定：未成年工是指年满十六周岁未满十八周岁的劳动者。

　　第六十四条规定：不得安排未成年工从事矿山井下、有毒有害、国家规定的第四级体力劳动强度的劳动和其他禁忌从事的劳动。

　　第六十五条规定：用人单位应当对未成年工定期进行健康检查。

　　关于未成年工其他特殊劳动保护政策和未成年工禁忌作业范围的规定，可查阅《中华人民共和国未成年人保护法》《未成年工特殊保护规定》等。

21. 签订劳动合同时应注意哪些事项?

劳动者在上岗前应和用人单位依法签订劳动合同,建立明确的劳动关系,确定双方的权利和义务。关于劳动保护和安全生产,在签订劳动合同时应注意两方面的问题:第一,在合同中要载明保障劳动安全、防止职业危害的事项;第二,在合同中要载明依法为劳动者办理工伤保险的事项。

遇有以下合同不要签:

(1)"生死合同"

在危险性较高的行业,用人单位往往在合同中写上一些逃避责任的条款,如"发生伤亡事故,单位概不负责"等。

(2)"暗箱合同"

这类合同隐瞒工作过程中的职业危害,或者采取欺骗手段剥夺职工的合法权利。

（3）"霸王合同"

有的用人单位与劳动者签订劳动合同时，只强调自身的利益，无视劳动者依法享有的权益，不容许劳动者提出意见，甚至规定"本合同条款由用人单位解释"等。

（4）"卖身合同"

这类合同要求劳动者无条件听从用人单位安排，用人单位可以任意安排加班加点、强迫劳动，使劳动者完全失去人身自由。

（5）"双面合同"

一些用人单位在与劳动者签订合同时准备了两份合同，一份合同用来应付有关部门的检查，一份用来约束劳动者。

 法律提示

《安全生产法》规定：生产经营单位与从业人员订立的劳动合同，应当载明有关保障从业人员劳动安全、防止职业危害的事项，以及依法为从业人员办理工伤保险的事项。生产经营单位不得以任何形式与从业人员订立协议，免除或者减轻其对从业人员因生产安全事故伤亡依法应承担的责任。

22. 职工的工伤保险和工伤预防义务主要有哪些?

权利与义务是对等的，有相应的权利，就有相应的义务。职工在工伤保险和工伤预防方面的义务主要如下：

（1）职工有义务遵守劳动纪律和用人单位的规章制度，做好本职工作和被临时指定的工作，服从本单位负责人的工作安排和指挥。

（2）职工在劳动过程中必须严格遵守安全操作规程，正确使用劳动防护用品，接受职业安全卫生教育和培训，配合用人单位积极预防工伤事故和职业病。

（3）职工或其近亲属报告工伤和申请工伤保险待遇时，有义务如实反映发生事故和职业病的有关情况及工资收入、家庭有关情况；当有关部门调查取证时，应当给予配合。

（4）除紧急情况外，发生工伤的职工应当到工伤保险签订服务协议的医疗机构进行治疗，对于治疗、康复、评残要接受有关机构的安排，并给予配合。

23. 生产作业中，职工为何必须遵章守制与服从管理？

安全生产规章制度、安全操作规程是生产经营单位管理规章制度的重要组成部分。

根据《安全生产法》及其他有关法律、法规和规章的规定，生产经营单位必须制定本单位安全生产的规章制度和操作规程。职工必须严格依照这些规章制度和操作规程进行生产经营作业。单位的负责人和管理人员有权依照规章制度和操作规程进行安全管理，监督检查职工遵章守制的情况。依照法律规定，生产经营单位的职工不服从管理，违反安全生产规章制度和操作规程的，由生产经营单位给予批评教育，依照有关规章制度给予处分；造成重大事故，构成犯罪的，依照刑法有关规定追究其刑事责任。

24. 为什么职工必须按规定佩戴和使用劳动防护用品？

职工在劳动生产过程中应履行按规定佩戴和使用劳动防护用品的义务。

按照法律法规的规定，为保障人身安全，用人单位必须为职工提供必要的、安全的劳动防护用品，以避免或者减轻作业中的人身伤害。但在实践中，一些职工缺乏安全知识，心存侥幸或嫌麻烦，往往不按规定佩戴和使用劳动防护用品，由此引发的人身伤害事故时有发生。另外，有的职工由于不会或者没有正确使用劳动防护用品，同样也难以避免受到人身伤害。因此，正确佩戴

和使用劳动防护用品是职工必须履行的法定义务，这是保障职工人身安全和生产经营单位安全生产的需要。

血的教训

某日下午，某水泥厂包装工在进行倒料作业。包装工王某因脚穿拖鞋，行动不便，重心不稳，左脚踩进螺旋输送机上部10厘米宽的缝隙内，正在运行的机器将其脚和腿绞了进去。王某大声呼救，其他人员见状立即停车并反转盘车，才将王某的脚和腿退出。尽管王某被迅速送到医院救治，仍造成左腿高位截肢。

　　造成这起事故的直接原因是王某未按规定穿工作鞋，而是穿着拖鞋，在凹凸不平的机器上行走，失足踩进机器缝隙。这起事故说明，上班时间职工必须按规定佩戴和使用劳动防护用品，绝不允许穿着拖鞋上岗操作。一旦发现这种违章行为，班组长以及其他职工应该及时纠正。

25. 为什么职工应当接受安全教育和培训?

　　不同企业、不同工作岗位和不同的生产设施设备具有不同的安全技术特性和要求。随着高新技术装备的大量使用，企业对职工的安全素质要求越来越高。职工安全意识和安全技能的高低，直接关系企业生产活动的安全可靠性。职工需要具有系统的安全知识、熟练的安全生产技能，以及对不安全因素和事故隐患、突

发事故的预防、处理能力和经验。要适应企业生产活动的需要，职工必须接受专门的安全生产教育和业务培训，不断提高自身的安全生产技术知识和能力。

26. 发现事故隐患应该怎么办？

职工往往属于事故隐患和不安全因素的第一当事人。许多生产安全事故正是由于职工在作业现场发现事故隐患和不安全因素后，没有及时报告，以致延误了采取措施进行紧急处理的时机，最终酿成惨剧。相反，如果职工尽职尽责，及时发现并报告事故隐患和不安全因素，使之得到及时、有效的处理，就完全可以避免事故发生和降低事故损失。所以，发现事故隐患并及时报告是贯彻"安全第一、预防为主、综合治理"方针，加强事前防范的重要措施。

第3章
原料、烧结、
球团工伤预防

27. 原料系统主要危险有害因素有哪些?

（1）危险因素分析

原料场的主要危险是各种机械运转和处理故障时所发生的机械伤害事故，其次为高处坠落和物体打击事故。

1）在卸料作业过程中，有受车辆、机具等伤害的危险；在捅、清矿槽作业过程中有被风管打伤、压埋、滑跌伤的危险。

2）在胶带机运转过程中，当处理跑偏、打滑、压料、堵漏斗、跑小车等事故，以及进行上托辊和清扫、更换清扫器等设备维护作业时，有被胶带绞住带入胶带机造成机械伤害的危险。

3）在检查、清扫维护抓斗吊车时，包括处理机电设备故障，更换钢丝绳、抓斗或处理钢丝绳故障，由于配合不当、人为失误、工具不良等原因，有发生高处坠落、物体打击等危险。

4）在熔剂原料或燃料破碎加工作业过程中，有由于锤式破碎机门未关好或机壳被击穿而使物料飞出伤人的危险；在更换锤头等作业时，有受物体打击、起重伤害的危险；在更换破碎机传动带，处理堵料、卡辊等事故时，有受机械伤害的危险。

（2）有害因素分析

有害因素主要是原料、燃料在装卸、运输和破碎、筛分过程中产生的粉尘，其次为破碎、筛分时产生的噪声。主要有害尘源有胶带机运转和转运站落料，回程胶带面和托辊黏料，破碎、筛分时扬尘，刮风时料场料堆扬尘，以及槽上、下部入槽、排出时扬尘。原料、燃料中产生的粉尘除含游离二氧化硅外，有的还含铅、锌、砷、氟等物质，对人体产生危害。

28. 原料系统危险因素预防及控制措施有哪些？

原料场采用的设备应有以下安全装置：

（1）翻车机室应设置信号装置、事故开关、双道限位开关和制动器。

（2）操作人员经常走动的通道，在机旁应设置护栏、紧急事故开关（安全绳），在转动轴、滚筒等外露部分应设安全防护罩，在皮带上应设置过桥。

（3）料仓设计的坡度应符合要求，选用的闸门应灵活，以防止堵料；所有井、槽应设栏杆、盖板或格栅。

（4）移动式装卸机械两端应设限位器、夹轨器、锚固设施、阻进器（止挡器），并悬挂载重标志。

（5）堆料、取料机上的胶带机需要设类似胶带机上的安全装置，在同一轨道上行驶两台以上堆料、取料机时，应设自动防撞装置和旋转防撞装置；堆料机上要设料堆检测装置。

（6）大型可燃性原料和煤场应有防自燃措施。

（7）料槽应设料位计，其形状应便于物料排出，减少"死料"；金属料槽应装设振打装置。

（8）胶带机应设置齐全有效的安全装置。

29. 原料系统有害因素预防及控制措施有哪些？

（1）粉尘危害的控制

1）对胶带机进行喷雾洒水。喷雾洒水应与输送物料同步进行，当停止输送时，喷雾洒水则自动停止。

2）对料堆进行洒水处理，以防止二次扬尘。为此，应在料场侧设喷水枪。可在水中加入表面硬化剂，使料堆表面形成薄膜，以防水分蒸发。

3）清除胶带机胶带表面黏附的粉尘。为了防止黏附于胶带表面的细粒物料被胶带轮、托辊压实而使胶带机在运行中发生故障，也为了防止细粒物料被剥离时造成二次扬尘，需要清除胶带表面上的细粒物料。人工清除，容易发生事故，为此，应选用清扫器或胶带水洗装置。

4）除尘器除尘。在胶带机转运站、格筛、破碎机的料槽等产尘处，根据粉尘性质选用除尘器。除尘器的启动原则是，开机时先启动除尘器后开主机，停机时先停主机后停除尘器。

（2）噪声治理

对产生强噪声的破碎设备采取消声、隔声等治理措施。

（3）洗车台与污水治理

从料场进出的车辆轮胎上时常会带有泥土，为防二次扬尘，应在进出口处设洗车台，用高压水冲洗轮胎，污水经处理后循环使用；水洗胶带机和湿式除尘器产生的污水，必须进行处理后才能循环使用。

30. 烧结、球团系统主要危险有害因素有哪些?

（1）配料、混合料系统危险因素分析

1）捅、挖矿槽内堵料、棚料和槽壁上黏结料时，易发生物料喷射伤人，风管脱掉伤人，料垮砸伤、压埋或高处坠落等伤害事故。

2）当圆盘给料机的排料口被大块物料或杂物堵住时，在处理过程中易造成机械伤害；当由于烧不透、跑燃料、跑水或加水过多等原因而造成返矿圆盘"放炮"时，容易烧烫伤人。

3）在捅混合机进、出口漏斗堵料或处理混合机放"干炮"或"水炮"时易烫伤人；在进行清挖混合机内壁黏结作业时，易造成料垮砸伤、工具伤人等伤害事故。

（2）烧结机危险因素分析

1）突然停电，造成点火器炉内的火苗烧伤人；突然停煤气，

使空气进入煤气管道引起管道爆炸伤人；煤气管道、阀门泄漏引起煤气中毒事故等。

2）在机尾观察孔观察卸矿断面情况或捅机尾漏斗料时，易被冲出的含尘热浪烧伤面部和手；在机头铲反射板黏结料时，脚踩在轨道上会被台车车轮轧伤；更换炉算条时，易造成手指夹伤、头部碰伤及其他机械伤害。

3）用吊车更换台车或运重物时，若配合不好，易造成挤夹手脚等起重伤害事故。

（3）烧结矿破碎、筛分、冷却与整粒系统危险因素分析

1）在单辊破碎机溜槽和热矿筛进料口发生堵料，打水捅料时，易被蒸汽、炽热物料灼烫伤；热矿筛在运转中振动大，容易将联轴节、轴承体连接部位的螺钉振断甩掉，甚至把振动器偏心块甩掉飞出伤人。

2）出现冷却机的进、出料口堵料和一次返矿溜槽出口堵料或放"干炮"，在处理时易灼烫伤人。

3）双层筛、冷振动筛的瓦座连接螺钉断裂，造成传动轴瓦座和偏心块甩出伤人。

（4）抽风除尘系统危险因素分析

1）抽风机转子失衡，叶片脱落击破机壳易飞出伤人；油箱油管漏油有引起火灾的危险。

2）进入除尘器和大烟道内检查或处理故障时，有煤气中毒的危险；若他人误关闭了人孔门，会造成窒息死亡，若启动风机，也会造成严重后果。

3）进入电除尘器内排除电场故障或清扫阴阳极积灰，进保温

箱清扫绝缘套管、座式瓷瓶等，未采取放电措施，有被电击伤的危险；通风不畅有煤气中毒、缺氧窒息的危险。除尘器清灰还有被高温尘灰烫伤的危险。

4）除尘设备的外楼梯较多且又高又陡，上下楼梯有不慎滑跌、坠落的危险。

（5）各系统中的有害因素分析

1）粉尘危害。烧结生产过程中产生的粉尘量大、面广，一般粉尘量占烧结矿产量的3%左右，严重污染作业面、厂区的环境，危害职工健康，主要尘源为烧结机尾部卸矿及成品矿的热破热筛、冷破冷筛及其转动过程中的给受料点和成品矿槽进排料口，抽风除尘系统的排放、卸灰及转运过程，热、冷返矿转运过程的给料点及参与配料的返矿槽、圆盘给料机排料口的混合作业过程。

2）毒物危害。烧结生产主要毒物危害是烧结点火用的煤气和烧结废气中的二氧化硫。煤气管道、闸阀漏出的煤气中含有大量的一氧化碳，抽风机大烟道泄漏出的废气和烟囱排入大气的烟气里含有一氧化碳和二氧化硫等有害气体，对人体产生危害。

3）高温危害。烧结生产中易接触高温的主要有烧结机、单辊破碎机、热矿筛、一次返矿、冷却机和成品皮带运输机等作业岗位，其次是成品整粒系统、放灰系统及一二次混合机等作业岗位。

4）噪声危害。烧结生产过程中的噪声主要来源于各种风机、破碎机、振动筛、卸料点及机电设备的运转撞击等，特别是烧结主抽风机室、熔剂原料和燃料破碎间内的噪声可达95~105分贝，超过国家噪声防护的限值标准，长期在此岗位工作的职工，易患职业性耳聋和其他噪声疾病。

31. 烧结、球团系统危险因素预防及控制措施有哪些?

（1）电气安全

1）产生大量蒸汽、腐蚀性气体、粉尘等的作业场所,应采用封闭式电气设备。

2）根据不同作业环境应选择不同型式的照明灯具,以保证照明良好。

3）电缆沟、电缆隧道应有防水措施,厂房内的电缆沟和隧道应设自动排水泵。

（2）动力设施

1）各燃气管道在入口处,应设总管切断阀。应有蒸汽或氮气吹扫燃气的设施,各吹扫管道上必须设防止气体串联的装置。

2）使用煤气应制定高、低压煤气报警限量标准。煤气管道应设有大于煤气最大压力的水封和闸阀,蒸汽、氮气闸阀前应设放散阀,以防止煤气反窜。

3）厂内供水应有事故供水设施,水冷系统应设流量和水压监控装置。气温在 0 ℃以下时,对间断供水的部件必须采取保温措施。

32. 烧结、球团系统有害因素预防及控制措施有哪些?

（1）粉（烟）尘控制措施

1）采用自动配料、热返矿参与配料来控制混合料的水分和点火温度，从而提高烧结矿和返矿质量，减少粉尘量；采用铺底料的方式，确保烧透，杜绝夹生料；采用机上冷却工艺，降低烧结机尾气温度，可有效地降低尾气中的粉尘含量；取消热返矿的筛分和运输，以减少产尘源和热蒸汽含尘量；采用水封刮板拉链机，经常用水冲地，以及加水湿润或造球等方法，以减少扬尘量。

2）采用高效除尘设备。烧结机头废气可采用电除尘器；燃料破碎可采用布袋除尘器；对热返矿参与配料，混合料系统产生大量的含尘水蒸气时，应采用喷淋式除尘器。

3）环境除尘集中化。环境除尘应按尘源的粉尘性质分片采用大量集中式除尘系统，以减少二次扬尘，并根据尘源特点设置坚固的局部、整体、大容积密闭罩。

（2）有毒有害气体控制

1）烧结点火用煤气的管道、阀门应严加密闭，防止煤气泄漏，并在机头配置一氧化碳气体检测报警装置，防止煤气中毒。

2）主抽风机室的风机、烟道和闸阀均应严密封闭，防止废气泄漏，并安装一氧化碳检测报警装置，室内空气中一氧化碳的最高容许浓度不得超过30毫克/立方米。

（3）噪声控制

在烧结生产中，针对主要产生噪声的设备，应从声源上加以根治。如选用噪声低的设备，将噪声密闭在机壳内，加强设备维护保养以减小振动，设置消声装置等控制措施。对主风机房、熔剂原料和燃料破碎间等强噪声的岗位，应采取操作室与机房隔离措施，以减少职工与噪声的接触时间，并配置听力保护器，如耳塞、护耳套等。

（4）防高温、热辐射

凡高温岗位均应设置隔热操作室及局部送风降温或移动式风扇进行强制通风散热。烧结点火器两侧应设置隔热装置，使热源与作业现场隔离，减小热辐射。在烧结机操作室应设空调设备。

（5）放射线防护措施

放射性装置周围应划定禁区，并设置放射性危险警示标志。

33. 堆取料机安全操作注意事项有哪些？

（1）作业前应先鸣笛，再启动机器。

（2）悬臂回转及大车行走之前应注意观察周围环境。

（3）作业中出现停电或其他故障时应立即切断电源，将操作手

柄返回零位。发生紧急情况时需迅速将事故开关或皮带机电源开关切断。

（4）作业结束，应将悬臂放在安全位置，切断电源。大风天气应将回转及行走机构锚定。

（5）进行清理漏斗积料、维护、检修等作业时要切断电源（包括总开关、分开关、事故开关），并挂警示牌，办理好危险作业审批。进入漏斗清料时，作业人员必须系好安全带，并有专人监护。清理漏斗积料时，严禁从漏斗下口进入及从下往上剥离堵料。

（6）设备维修、保养时，应确认设备处于停机状态后，方可进行设备维修、清扫或作业前的检查。

34. 粗、细破碎机安全操作注意事项有哪些？

（1）开机作业

正常由中控负责集中联锁启动；故障处理等异常情况发生时，向中控提出申请并被确认后，接中控机侧运转指令后采用机侧启动，启动完毕后，确认正常，汇报中控并按指令将设备切换至停止或自动位。

（2）停机作业

正常由中控操作进行集中联锁停止，现场确认设备停止完毕；设备长时间停用时，应将其选择开关切换至"OFF"位。因故障处理等异常情况停机，接中控设备机侧停止指令或现场需要机侧停机时，将开关打零位或按"停止"按钮，以停止设备。

（3）机侧紧急停机

发生人身、设备事故或有危及人身、设备安全的危险时，应紧急停机，先按下机侧停止开关或拉下拉绳事故开关，并及时向中控汇报，确认事故解除后，才能将事故开关复位。

（4）破碎机卡料处理

发现破碎机卡料，应及时拉事故开关停机并汇报中控，由工长指定安全监护人；启动液压系统，将从动辊松开，让物料自然脱落；如果松辊排料失效，将机旁操作箱的转换开关拨到零位，挂牌，进行手动排料。

（5）矿槽清理作业

准备好低压照明装置、梯子和安全带等工具、用品；事先做好危险预知，制定安全方案，必要时进行危险作业审批；确认矿槽顶部有可靠的安全防范措施，以防止进料；检查矿槽底部，停止给料作业，确认底部设备已停电。清理矿槽积料时必须自上往下逐层进行，且每层高度不得超过 1 米。清理完毕，应检查工具是否齐全，人员是否已安全撤离，并汇报中控作业完毕。

35. 烧结看火工的安全操作要点有哪些？

（1）开机作业

正常情况，由中控负责集中联锁启动。异常情况，采用现场机侧运转，故障排除后立刻恢复中控集中联锁。确认大烟道内无人，烟道门已关好，各种能源介质都已到位。点火前，首先应进行吹扫，煤气爆发试验合格后方可点火。

（2）停机作业

正常情况，由中控负责集中联锁停止。发生能源介质供应不到位、下游设备故障停机、混合料断料时应紧急停止。停机后必须对煤气管道进行吹扫。

（3）更换台车作业

必须检查确认起重设备吊具完好，应有专人指挥，严禁带负荷换台车。

（4）更换炉箅条作业

必须在停机的情况下作业，禁止在设备运行的情况下更换炉箅条。

（5）单辊机卡料作业

如果卡料量比较少，可在烧结机停机状态下，对单辊机主电动机进行停电作业，然后在专人监护下至少两人进行人工反转电动机清料。特殊情况下要进入单辊内作业的，必须保证烧结机尾台车无料，格板上积料必须清干净，办理烧结机和单辊停电手续后，在专人监护下方可作业。

（6）烧结机泥辊衬板更换作业

更换时要有专人统一指挥，挡板必须牢固，并经检查确认。

（7）停煤气作业

设备运转过程中突然停煤气，应立即停机，关闭煤气总阀。

（8）火嘴堵塞处理作业

作业前必须关闭火嘴煤气阀门，用煤气检测仪检测，检测合格后作业人员需佩戴空气呼吸器进行作业。

36. 中控操作的安全注意事项有哪些?

(1)原料系统

1)指挥作业线启动时,应确认各岗位无人正在检修作业,与停、送电记录相符。

2)设备启动前,要联系岗位人员确认安全,时刻与岗位人员保持信息畅通。

3)设备停电检修时,必须确认机旁操作箱操作按钮处于零位并挂警示牌。

(2)烧结、球团系统

1)设备启动前,必须严格对启动流程进行确认。应主体设备启动前应重点确认,如环保设备已经启动并且运行正常,主抽风机安全保护装置完好有效,主风门已经关闭,助燃风机运转正

常，环冷风机风门已关闭，烧结机煤气爆发试验合格，辅机启动工作正常。

2）异常情况下，可授权岗位机侧运转，明确交代操作权限，故障排除后立刻恢复中控集中联锁。

3）停机作业，正常情况下由中控集中联锁停止，异常情况下，采用紧急停机。

4）系统停电时应及时关闭煤气系统，防止煤气回火爆炸。

37. 巡检的安全操作标准有哪些？

（1）皮带机启动打滑时，严禁用手、脚和棒棍等帮助启动。

（2）在皮带机运转时，严禁处理故障和清理皮带上的杂物或在尾轮清料及接料等。

（3）皮带跑偏时，严禁用铁棒等物撬皮带、托辊等。

（4）进行设备检修、清扫时，必须确认机旁操作箱操作按钮处于零位并挂警示牌，皮带机拉绳拉到位，并和中控确认拉绳信号，必要时办理危险作业审批手续。设备检修时，应断开设备的电源，防止因误操作而造成的事故。

第4章
炼焦、化产、
焦化工伤预防

38. 炼焦生产中主要危险有害因素有哪些?

（1）火灾与爆炸

1）煤塔储煤时间过长或冬季保温不当，煤长期积聚于某一部位，易造成煤自燃发生火灾，若处理不当，也可能发生爆炸。

2）推焦过程中红焦落在电机车车头上或运焦时红焦掉落在皮带上，可引起着火。

3）装煤、出焦除尘过程中，由于除尘风机能力不足或风机转速突然下降等原因，导致大量荒煤气或煤粉积聚达到爆炸极限，着火发生爆炸。

4）焦炉地下室发生煤气泄漏时，由于通风不良，煤气与空气形成爆炸性混合气体，遇激发能源可能发生火灾爆炸。

5）送煤气前没有进行煤气爆发试验或试验不合格等，与空气混合形成爆炸性气体，遇火源或高温发生爆炸。

6）设备或管道阀门更换、检修时，没有有效隔离物料气体来源或排净残渣，且未进行检测，物料气体发生倒流或窜漏，遇激发能源，造成火灾爆炸。

7）法兰、阀门、管道等因检修安装质量等问题或设备老化腐蚀、水封失效等原因，造成物料气体泄漏，遇激发能源，造成火灾爆炸。

8）物料在管道内流动速度过快与管壁发生摩擦，以及运输、装卸过程中都会产生静电，如果不采取措施，就有可能发生火灾爆炸。

9）停低压氨水后，集气管温度升高会造成氨水管道和集气管拉裂，甚至引发爆炸。

10）干熄焦循环气体中可燃成分浓度超标存在爆炸的危险。

11）槽、塔、釜、罐等设备内的物料中若含有硫化物，可腐蚀内壁生成硫化亚铁，硫化亚铁在常温下容易自燃。若容器内有挥发性物质，则可能发生爆炸。

12）锅炉、压力容器因超压、超温、缺水，安全阀、压力表失效或超期使用等原因发生爆炸。

（2）中毒、窒息

1）苯类、酚类、氨水、初馏分、吡啶等有毒液体因操作过程中发生喷溅或跑、冒、滴、漏；焦炉地下室煤气管道、阀门、旋塞、孔板等不严密，管道压力过大引起煤气泄漏；煤气水封缺水或压力过大冲破液位等，都可能引起人员中毒。

2）作业及检修时，未进行有效防护或有毒气体报警器失灵，煤气（尤其是高炉煤气）、硫化氢、氰化氢等有害气体在设备密封不良或因设备管道阀门腐蚀、设备检修、操作失误等情况下发生泄漏，可能造成人员中毒。

3）进入槽、罐、塔、釜等设备内检修、检查未进行空气置换，又未采取有效的防护措施，可造成人员中毒。

4）因作业场所通风不良，危险物品在高温、高压等情况下失控，会造成人员中毒。

5）配煤仓地面盖板缺失等，人员易掉入煤仓被煤压埋而窒息死亡。作业人员缺乏自我保护意识，在无人监护和未采取可靠安全措施的情况下冒险进入溜槽、煤塔、配煤室煤仓，因煤斗、煤仓挂料结板，进行清理作业时采取的措施、操作或防护不当，被垮塌煤压埋，导致窒息死亡。

6）煤气放散时人员没有及时撤离，可引起人员中毒和窒息。

7）干熄炉循环气体泄漏可引起人员中毒和窒息。

（3）机械伤害

1）焦炉"四大机车"（装煤车、推焦机、拦焦机、熄焦车）运行过程中，作业人员站位不当、注意力不集中、躲避不及时，易发生挤伤、撞伤甚至死亡事故。

2）推焦机、拦焦机、熄焦车连锁控制不当，或操作失误，会造成红炭落地、车毁人亡的事故。

3）在操作备煤堆取料机、螺旋卸煤机、煤粉碎机、皮带机等设备过程中，由于违章作业、防护不当或在检修时误启动，可能造成机械伤害事故。常见机械伤害情况还有：皮带机机头、机尾与拉紧装置无防护罩或防护罩防护不到位；机旁未设事故紧急停车开关和拉绳或事故紧急停车开关和拉绳失效；作业人员抄近路在停机状态下钻、跨皮带机或在皮带机上行走时机器突然启动；皮带机运转时发生跑偏、打滑后，在不停机情况下单独一人用铁棍等进行调整被卷入；皮带机运转时发生煤落料后，不停机清理被带入；工作服的衣扣和袖扣未扣紧被运转的皮带机卷入；操作时疏忽大意，被煤仓的可逆皮带机、煤塔回转皮带机走行轮轧伤脚趾；检修皮带机未停电、未挂警示牌、无专人监护或启动前没有检查确认等。

（4）灼烫与酸、碱灼伤

1）焦炉炉顶、焦炉地下室等属高温作业区，容易发生烫伤事故。

2）焦油、蒸汽系统管道法兰泄漏，易造成烫伤事故。

3）塔、管道、泵体等检修前未进行泄压或残渣未排净，或未有效隔离工艺介质，造成液料喷溅伤人事故。

4）焦炉炉顶、上升管及集气管操作走台、焦机侧走台温度高，出焦过程红焦撒落，干熄焦在接焦、提升过程中因操作不当或设备故障发生红焦落地，均易造成人体烫伤。

5）生产过程中使用的酸、碱与人体表面接触会导致灼伤。

6）塔、容器内产品不纯，有较多水分，受热可能会发生沸腾甚至突溢，造成附近人员烫伤。

7）熄焦后由于水温高，雾气大，水池盖板、安全护栏缺失，人员进入粉焦抓斗检修时易掉入水池，导致灼伤甚至死亡事故。

（5）车辆伤害

1）场（厂）内各类运输车辆本身缺陷，如制动、音响、灯光失效，道路状况不符合规定或者司机误操作可能引发车辆伤害。

2）场（厂）内各类车辆未按照规定行驶，如槽车进行粗苯、焦油装车或原料卸车时，联络信号没有确认或制动失灵造成伤害。

3）通过无人看管的火车道口，未按照"一停、二看、三通过"规定造成伤害。

4）人员坐在炉顶装煤车轨道上休息，易造成车辆伤害。

5）炉顶作业人员避让煤车不及时，易发生严重的人身伤害。

6）熄焦车行进过程中，人员从焦侧平台上下车辆易造成车辆伤害。

7）焦炉"四大机车"开动前未瞭望或鸣喇叭，易造成车辆伤害。

8）烟尘大、雾大易造成人员不能及时发现车辆行驶而受伤害。

（6）触电

1）焦炉"四大机车"的动力滑线均为裸露滑线，在操作、检修过程中，易发生触电事故。

2）检修电气设备时，带电作业会造成触电事故。

3）电气设备外壳破损或接地不良，或漏电保护器失灵，均会发生触电事故。

4）备煤系统地下通廊较多，由于渗水或排水不畅，容易积水，且潮湿场所较多，如果电气线路或接头裸露，积水坑使用水泵抽排水时泵体外壳未接地或漏电，使用水泵时电气控制装置没有安装漏电断路器，易发生触电事故。

5）装煤过程中煤斗下料不畅，操作人员使用铁棍对煤斗捅煤时，装煤车顶部或焦侧电源滑触线未设置防护网罩，手持铁器碰触电源滑触线而触电。

（7）高处坠落

在高处作业时，由于栏杆、平台、梯子等被腐蚀或有缺陷，临时脚手架缺陷；高处作业未正确使用安全带，思想麻痹，身体、精神状态不良；人员习惯性背靠平台安全栏杆，下雪天因楼梯结冰而滑跌等，均易发生高处坠落事故。

（8）物体打击

操作或检修过程中，由于交叉、立体作业较多，易发生物体坠落打击到作业人员，造成伤害。高处的物体固定不牢，排空管线等固定不牢，因腐蚀或大风造成断裂，坠落击打到人体上；高处作业或在高处平台上的作业工具、材料使用、放置不当，造成高空落物等，发生爆炸产生的碎片飞出等，均会造成物体打击事故。

（9）起重伤害

因起重吊具、防护装置、钢丝绳等故障或操作、指挥不当，易造成起重伤害。焦炉炉台安装有电动葫芦或卷扬机，修理炉门起吊作业时由于挂吊不牢、钢绳断丝、卷筒钢绳压块螺钉松动、限位失效、制动失效、吊物下站人或人员站位不当、操作不当等，均可能发生起重伤害事故。

（10）坍塌

在处理煤塔料仓、焦仓等堵料时，由于措施不力或违章蛮干，造成物料坍塌，会导致人员伤亡事故。

（11）噪声

电机、风机、泵等设备会产生噪声危害。噪声对人体的作用分为特异性作用和非特异性作用两种。特异性作用是指对听觉系统的损坏，长期接触强噪声会使听觉系统受损，形成噪声性耳聋。非特异性作用是指对其他系统的影响，如造成中枢神经系统平衡失调和消化系统功能紊乱等。

（12）高温

作业人员受高温环境热辐射的影响，作业能力随温度的升高而明显下降。高温环境会引起中暑（热射病、热痉挛、热衰竭），长期高温作业（数年）可出现高血压、心肌受损和消化功能障碍病症。高温危害程度与气温、气湿、气流、辐射热和个体热耐受性有关。

39. 炼焦生产中的事故防范措施有哪些？

（1）皮带机机头、机尾和两侧应安装紧急停机开关和拉绳，发生事故时，应立即关断紧急停机开关，或迅速拉下或踩下拉绳，使皮带停止运转，并立即报告。皮带机运行时，注意不能靠近；皮带打滑、跑偏、落料时必须停机处理，运转时不能用铁锹等工具处理、清理和调整；无人员监护时不能清扫，稍有不慎即可能被皮带卷入，后果十分严重，非死即伤。

（2）严禁单独一人进行溜槽清理或捅煤作业，需进入煤仓、煤塔时，必须办理危险作业审批手续，系好安全带和安全绳，在专人监护下作业，防止被煤压埋，禁止为抄近路而钻、跨越皮带机，禁止在停止运转的皮带机上行走。作业人员劳动防护用品要穿戴齐全，衣领和袖口要扣紧。

（3）皮带机检修必须停机后进行，严格执行检修挂牌制度，确保电源被切断，防止皮带突然启动伤人。

（4）在翻车机内和溜下线清扫残煤时，要事先与翻车和拉车的操作人员联系、确认，处理皮带堵溜时，严禁人员下溜子捅煤；在铁道行走要确认设备和车辆的移动情况，防止被车辆伤害。

（5）堆取料机悬臂下严禁人员通过或停留，风速大于 20 米／秒时应停止作业。

（6）螺旋卸煤机在作业时，禁止车厢内有人清扫车皮，禁止螺旋从人头上部越过；检修螺旋时应设警戒区域，禁止人员从螺旋底部通行。

（7）煤焦机械工作完毕应切断电源，夹牢夹轨器，维护保养时应切断电源并挂检修牌或加锁；运转中的机械不能靠近，禁止加油、清扫和调整。没有熄灭的红焦应补充洒水，以防引燃皮带。

（8）不要背靠作业平台、高空走台的安全栏杆；管沟、坑池边及吊装孔应设置防踩空盖板。

（9）推焦车、拦焦车、熄焦电机车之间的信号联系和联锁以及干熄焦系统的联锁不得擅自解除；推焦车、拦焦车启闭炉门时不能靠近；用手摇装置操作推焦杆、平煤杆前必须切断电源并挂警示牌；推焦车、拦焦车、装煤车和熄焦车行车前必须先瞭望、鸣笛，行走时禁止人员上下，有烟火、雾气、风雪的情况下须缓慢行驶；熄焦车未对准炉号严禁发推焦信号，推焦车司机在得到拦焦车和熄焦车做好接焦准备的信号才能推焦；推焦时超过规定最大电流时应立即停止推焦，原因不明时严禁连续推焦，处理后须征得值班负责人准许且负责人在场，方准第二次推焦；装煤车电刷掉道时，必须拉下开关，通知电工处理；在煤车上部或推焦车、熄焦电机车电源滑触线附近作业时，应当防止触电；拦焦车接焦过程中禁止启动导焦栅，禁止由导焦栅处穿过；尾焦处理完通知对门时，确认作业人员离开后方可开车。

（10）清扫上升管、桥管、氨水管及翻板时，应站在上风侧并戴防火面罩，防止炉火、氨水烫伤；集气管严禁负压操作，集气小房严禁烟火。

（11）装煤时禁止在附近测温；打开看火孔盖或装煤孔盖时，应站在上风侧；测温时禁止倒退行走；更换煤气或停止加热、停送煤气及遇暴风雨和上升管停氨水时，必须停止出炉；煤气放散前，炉顶作业人员须撤到安全地点。

（12）炉顶作业时不能踩炉盖，不要坐在轨道上休息，禁止向下抛物。焦炉作业人员应防止焦炉车辆及机械伤害，更换装煤口、干燥孔砖热修时需戴防护面罩。

（13）开动卷扬机前必须检查吊装设施，插好安全挡板后方可启动。

（14）炉门修理架起落时，不准在轨道内走动或进行作业；起落炉门时，下面禁止站人，炉门翻转时要紧好定位销；操作起重机时，要检查钢绳并精心操作。

（15）进入干熄炉、排焦运焦系统的平板闸门、电磁振动给料器、旋转密封阀、吹扫风机、排焦溜槽、地下运焦皮带检查或作业前，须先通知关闭放射线源快门，进行系统内气体置换、气体成分检测，确认一氧化碳、氧气在安全范围内，携带便携式一氧化碳、氧气检测仪和对讲机。进入时必须两人以上，注意防止一氧化碳中毒，点检时要防止被皮带绞伤；不要在防爆孔和循环气体放散口附近停留。运行检修排焦装置时，应进行气体置换并戴空气呼吸器。

（16）干熄炉运行中要保持锅炉的蒸发量稳定在额定值内，保持正常的温度和压力，将过热蒸汽温度、压力控制在规定的范围内；均衡给水，保持水位正常，严禁中断锅炉给水；保持汽包水位计完好可靠；保持循环风量稳定，严格控制循环气体锅炉入口温度；保持锅炉机组安全、稳定运行，防止锅炉爆炸和循环气体爆炸。

（17）未经许可不允许开动他人岗位的设备、电气开关等，上班工作时不要串岗，不要冒险进入易燃易爆有毒危险场所。

40. 炼焦生产中的事故应急处置措施有哪些?

（1）鼓风机突然停机

迅速打开放散管点火放散，切断电源，停止自动调节改为手动调节，保持集气管压力比正常大 20~40 帕，压力仍然持续增加时，可打开上升管盖进行放散；同时停氨水时，注意及时送入适量清水；结焦时间过长不能出炉时，应将翻板关闭；鼓风机开始运转后应关闭上升管和装煤孔盖，打开吸气管翻板；根据集气管压力逐步关闭放散管；及时调节吸气管开闭器，恢复调节机正常运转。

（2）停氨水

应先关闭氨水总阀和通入集气管的氨水阀，慢慢打开清水管阀，要防止集气管突然受冷收缩而造成氨水泄漏；往桥管中喷洒清水使集气管温度不超过 150 ℃，如果清水管也停水，应迅速调派消防车往集气管内补水降温；送氨水时，先关清水阀，后打开氨水总阀，氨水要缓慢送入。

（3）全厂停电

将集气管压力、煤气压力、烟道吸力调节机改为固定，拉下电源，使压力、吸力翻板固定在停电前位置；停电期间使用人工调节，待来电时再送电恢复自动调节；切断交换机电源，每 30 分钟用手摇装置交换一次，来电时，先拉下手摇装置，恢复自动交换。

（4）煤气设施着火

应逐渐降低煤气压力，通入大量蒸汽或氮气，设施内煤气压力最低不得小于100帕（10.2毫米水柱）；不允许突然关闭煤气闸阀或封水封，以防回火爆炸；直径小于或等于100毫米的煤气管道起火，可直接关闭煤气阀，用黄泥、湿麻袋将火扑灭；堵漏时应戴好防毒面具。

（5）干熄焦系统全面停电

全面停电后应尽快查明原因，及时恢复送电，以防止循环气体中氢气、一氧化碳等可燃气体浓度达到爆炸极限，系统设备及仪表损坏，以及锅炉因超压或缺水等原因损坏。因此，必须确保气体循环系统各氮气吹入阀打开，确保及时向循环系统内充入氮气，以稀释循环气体中的氢气、一氧化碳等可燃气体，并打开炉顶放散阀进行适当放散，还应确保空气流量调节阀及时关闭。全面停电后应及时送上备用电源，如果备用电源送不上且焦罐内有红焦，应启动单独事故应急电源，采用手动方式将焦罐内红焦装入干熄炉。

41. 化产过程中主要危险有害因素有哪些？

（1）火灾与爆炸

1）煤气鼓风机抽负压进入空气，因停电或事故停机造成负压系统氧含量超限，检修后置换不彻底，检修时没有采取有效隔离措施等，均会造成煤气窜漏；由于停电、风机停车等原因，会造成炉顶着火，烧坏炉顶设备。

2）电捕焦油器煤气中氧气含量过高易引发爆炸。

3）苯蒸馏、换热过程中出现泄漏，遇高温或火焰即可能引发燃烧或爆炸。

4）苯、洗油、焦油储存过程中温度过高，会使罐内蒸气大量喷出，易发生爆炸。

5）苯脱水过程中，排出的苯与空气混合遇到激发能源易发生爆炸。

6）苯槽、洗油槽、焦油槽底部腐蚀泄漏，可燃气体与空气混合，遇激发能源易发生爆炸。

7）苯输送管线破裂、脱落，槽车过满溢出等，易与空气形成爆炸性气团。

8）脱硫过程中煤气、氨水泄漏，遇点火源会发生火灾爆炸事故。

9）焦油采用蒸汽过热脱水，温度过高造成焦油大量汽化、内压升高，遇点火源易发生火灾爆炸事故。

10）管式炉加热时先开煤气后点火，遇点火源后会发生火灾爆炸事故。

11）检修动火作业，因置换不彻底或安全措施不当，遇点火源会发生火灾爆炸事故。

12）管式炉辐射管富油窜漏，遇点火源会发生火灾事故。

13）压力容器、压力管道的安全附件不全或不可靠，工艺控制不当会造成超压发生物理爆炸。

14）硫黄储存过程中可能形成爆炸性粉尘，遇火源能引起燃烧爆炸。

15）硫酸虽然不可燃，但属强氧化剂，与可燃物质接触能引发燃烧。

（2）中毒与窒息

1）焦炉煤气、苯等生产过程发生非正常排放或泄漏可引起人员中毒。

2）有毒液体泄漏后扩散、蒸发，形成的毒气环境可引起人员中毒。

（3）机械伤害

化产过程中各种泵体较多，传动部位若无防护罩或损坏，人员接触易造成机械伤害。

（4）高处坠落

硫铵螺旋输送机堵塞后，若将盖板打开检查或检查后没有及时盖好，当不慎滑入时可能造成脚部被绞，甚至死亡。

厂房或塔体的平台、走台因腐蚀严重，防护栏杆脱焊或缺失，或泵体未设置平台，人员操作时易发生高处坠落。

（5）触电

电动机或电气设备受腐蚀比较严重，接地损坏，电源线路裸露均可能发生触电事故；使用手持式移动缝包机进行硫铵缝包，使用抽水泵时外壳未接地、未安装漏电保护器等情况下，漏电时也易发生触电事故。

（6）强酸、强碱灼伤

浓硫酸腐蚀性强，硫酸高置槽或硫酸储槽泄漏，加酸、硫酸卸车过程都可能发生飞溅而灼伤眼睛或皮肤。液碱也可发生灼伤。

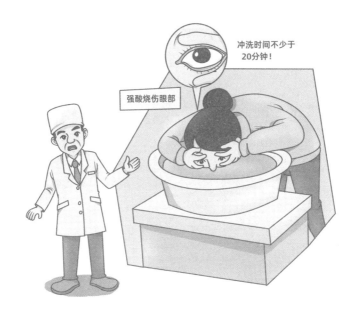

42. 化产过程中的事故防范措施有哪些?

（1）电捕焦油器的自动含氧分析仪出现报警或联锁时，必须查明原因后才能重新投入运行；直流屏出现放电现象时，应及时降压或紧急停机；进入电捕焦油器内部检查时，必须先断电、接地放电后方可进入，防止电捕焦油器内残余高压静电击伤；发现电捕绝缘箱瓷瓶炸裂或绝缘箱着火，须立即断电、接地、放电，并向电捕焦油器内通入大量蒸汽灭火。

（2）鼓风机排液管中焦油雾、水蒸气、萘等不能正常排出时，应及时通入蒸汽清扫管道。初冷器在停用或清扫后，其进、出口阀门及放散管不可同时关闭，防止塔内温度降低后因真空造成初冷器被吸瘪。

（3）浓硫酸卸酸操作时，必须穿戴防酸服、防酸手套和防护面罩，防止浓硫酸溅到身上造成灼伤。严禁往浓硫酸里加水。

（4）离心机、干燥床等机械设备运转时禁止检修或清扫。各种机械检修或清扫必须停机后进行，检修或清扫后螺旋输送机盖板应及时复位。

（5）粗苯管道的法兰、阀门连接处，粗苯储槽阻火器、呼吸阀、人孔、放散管、装卸栈台、铁轨、车体及鹤管等金属附件必须跨接可靠，防止产生静电。粗苯作业人员须穿防静电服、禁穿带钉鞋，防止摩擦产生火花。粗苯储槽采用固定顶罐时须防苯蒸气挥发，冷却水喷淋、气体冷凝回收设施应保持完好。

（6）管式炉点火作业须两人配合，先点火，后开阀送煤气。如果没有点燃或点燃后又熄灭，应立即关闭煤气阀，查明原因，待炉内残余煤气排净后，再重新按前述顺序点火。

（7）汽车进入油库需检查排气管是否戴好防火帽，接地措施是否良好。车辆必须停稳且做好防滑措施，熄火后方可装卸。

（8）灌装苯类物质时，禁止检尺、取样，必须待静电消失后方可进行。静电消散所需静置时间：储槽容积小于 50 立方米的，不少于 5 分钟；小于 200 立方米，不少于 10 分钟；小于 1 000 立方米，不少于 20 分钟；小于 2 000 立方米，不少于 30 分钟；小于 5 000 立方米，不少于 60 分钟。不能用压缩空气将酸碱卸出槽车或输送到高位槽。甲类、有自燃倾向等在输送时易与空气发生化学反应的液体，均不得采用压缩空气输送（压送）和清扫。检修液氨冷冻机时，不可用氧气吹扫堵塞的管道。

（9）高处作业应系好安全带。安全带拴挂应牢固可靠，高挂低用，工具、材料零件装入工具袋，上下时手中不要持物。六级以上大风、大雪、大雾、暴雨等恶劣天气禁止高处作业。不要使用粗苯擦洗设备、用具、衣物等。

（10）悬挂"止步，高压危险""禁止攀登，高压危险"的电气设备，禁止靠近和触摸；使用手持电动工具时应有接零或接地保护以及漏电保护器；移动式电气设备如电焊机外壳均应具有保护接零措施。

（11）在有毒物质的设备、管道和容器内作业时，照明电压应小于等于 36 伏，潮湿容器、狭小容器、煤气设备内作业应小于等于 12 伏。

43. 化产过程中的事故应急处置措施有哪些?

（1）鼓风机紧急停车

遇鼓风机机体突然发生剧烈振动或产生金属碰撞声，轴瓦温度直线上升达到 65 ℃有烧熔的危险；油管破裂或堵塞使吸力突然增大不能迅速处理，电动机线路短路着火或电流过大，关闭机前阀无效等情况时，必须及时停车。

（2）氨水泵停电

发生停电应切断电源，关出入口阀，通知有关岗位，与电工联系，检查电气设备。来电后和鼓风机司机取得联系，先启动循环氨水泵，再启动其他运转设备。

（3）管式炉着火

发生管式炉着火，应先开炉膛灭火蒸汽，关闭煤气总阀，同时停富油泵，从泵出口通入蒸汽，将管内存油吹入贫油槽。然后通知洗苯车间，停富油贫油泵，注意压力变化，必要时开交通管，按步骤停工。

44. 焦化系统中的防中毒措施有哪些?

采用贫煤气加热时，地下室应设置防爆通风换气设备，进入操作前应先通风换气，以保证操作环境的空气新鲜。贫煤气加热时，蓄热室任何部位的吸力必须大于 5 帕，防止产生正压使贫煤气泄漏。要经常检查水封、排水器的满流情况，保持足够的水封液面高度，检查时必须有两人同时进行，携带一氧化碳检测报警仪，一人监护，一人检查。禁止在煤气水封、排水器附近停留、休息、睡觉，以防煤气中毒。

煤气设施停煤气检修时，应可靠地切断煤气来源并将内部煤气吹净。长期检修或停用的煤气设施，应打开上下人孔、放散管等，以保持设施内部的自然通风。进入煤气设施内之前，须检测一氧化碳及氧含量是否达标，允许进入时，应携带一氧化碳及氧含量检测仪，并有专人监护。一氧化碳含量不超过 30 毫克 / 立方米时，可较长时间工作；一氧化碳含量大于 30 毫克 / 立方米且不超过 50 毫克 / 立方米时，入内连续工作时间不应超过 1 小时；大于 50 毫克 / 立方米且不超过 100 毫克 / 立方米时，入内连续工作时间不应超过 0.5 小时；大于 100 毫克 / 立方米且不超过 200 毫克 / 立方米时，入内连续工作时间不应超过 15 分钟。作业人员每次进入设施内部工作的时间间隔至少在 2 小时以上。带煤气抽、堵盲板须由煤气防护站人员佩戴空气呼吸器进行，并有专人监护，防止无关人员进入。干熄炉预存室、循环风机等场所应注意氮气泄漏，防止窒息。

在有毒物质的设备、管道和容器内作业时，应可靠地切断物料进出口，经稀有气体吹扫置换并分析合格，同时含氧量应不低于 19.5%。监护人不应少于 2 人，备好防毒面具和防护用品，检修人员应会正确使用并佩戴防毒面具。可燃、有毒气体检测仪应定期校验、维护、保养，确保其性能可靠。

45. 焦化系统中的中毒事故应急处置措施有哪些?

抢救人员应佩戴空气呼吸器进入事故现场，将中毒者迅速、及时地救出煤气和其他有毒物质危险区域，抬到空气新鲜的地方，

解除一切阻碍呼吸的衣物，并注意保暖。抢救场所应保持清静、通风，并指派专人维持秩序。中毒轻微者，如出现头痛、恶心、呕吐等症状，可直接送往附近医院急救。中毒较重者，如出现失去知觉、口吐白沫等症状，应立即拨打 120 电话请求现场急救。迅速撤离泄漏污染区人员至上风处，设立警戒区域，禁止无关人员进入污染区。抢险人员佩戴空气呼吸器进入事故现场查漏、堵漏时，应采用防爆风机抽排、强力通风并切断火源。易燃液体泄漏较多时，应使用不产生火花的工具收集，或用活性炭或其他吸附材料、中和材料等吸收中和，使泄漏物得到安全可靠处置，防止二次事故的发生。

 [专家提示]

　　苯中毒的主要场所有洗苯塔、脱苯塔、冷凝冷却器、苯泵房、苯储槽等；硫化氢中毒的主要场所有脱硫塔、再生塔、反应槽、泡沫槽等。进入设备检修前虽经过清洗置换，但因通风不良等原因会造成设备内氧含量降低，可能发生人员窒息危险。

第5章
炼铁、炼钢
工伤预防

46. 炼铁生产中的主要危险有害因素有哪些?

（1）中毒窒息

1）高炉煤气含大量有毒气体，其中的主要成分是一氧化碳。在输送使用过程中，由于设备、设施故障或缺陷造成高炉煤气泄漏，易引起人员中毒事故。

2）高炉设备检修时，若炉内并没有熄火，里面充满炽热的焦炭，虽已停止鼓风，但少量空气仍不断渗入炉内，产生少量一氧化碳并不断积累和逸出，易使检修人员发生中毒，也可能引发爆炸。

3）进入罐、仓、烟道等有限空间检修或作业，若吹扫不尽、通风不畅，将使作业人员煤气中毒或缺氧窒息。

4）在煤气采样中，应自动或同步取样，在线进行分析，若取样设施不完善，将造成煤气泄漏导致人员中毒。

5）喷煤系统采用稀有气体保护制粉工艺，喷吹罐充压、流化全部采用氮气保护，煤粉仓用氮气保持微正压，如厂房通风差加上操作有误，可引起氮气窒息。

6）炼铁作业中有限空间比较多，如料仓（罐）、渣仓、煤仓、烟道及其他闭塞性场所等。有限空间由于内部空间狭小，空气流通不畅，很可能存在有毒有害气体或缺氧，如果冒险进入，易发生人员中毒或窒息，也容易发生火灾和爆炸。因此，作业前必须做好各项准备工作，采取可靠的安全技术措施，才能保证人身和设备安全。

（2）机械伤害

1）长距离输送设备和生产车间内的传动设备，如果运转设备的机械运转部分裸露在外，或防护设施未设置或存在缺陷等，有可能将人体的某一部位带入运转设备，造成人员伤害。炼铁要防止运转设备的伤害，特别是胶带输送机械的伤害。

2）皮带运输系统缺乏安全装置，操作人员经常走动的通道、设备旁没有设置栏杆、安全绳与紧急事故开关，没有过桥人员直接跨越皮带时，将造成人员伤害。

3）各种设备操作不当或检修时不小心，可能发生机械伤害。

4）料仓设计的坡度不符合要求，选用的闸门不灵活或闸门年久失修等，易造成堵料，当采用人工捅料时，容易发生崩料、挤压事故。

5）为保护上料胶带运输机及炉顶设备，在矿石胶带机和焦炭胶带机上设有矿石、焦炭除铁器，可自动检测并排除大块磁性金属料，非磁性金属料在自动检测后由人工处理，这类作业如不注意个体防护，也可引起机械伤害。

6）违规作业，违章指挥，在运转设备检修、维修和清扫的过程中不停电、停机和挂警示牌，是造成机械伤害的重要原因。

（3）高处坠落

1）矿槽周围未设栏杆，槽上未设格栅或格栅年久失修等，均可造成高处坠落事故。

2）高炉检修是高处多层作业，40% 的伤亡事故为高处坠落，需要严防。

3）起重机检修及平台、走台、走梯、过桥、屋面等高空作业区以及地面坑、沟、井等容易造成高处坠落事故。

（4）起重伤害

1）在设备安装和检修过程中，需使用起重设备，如在炉前、转运站、焦矿除铁间、焦矿槽下、传动机房、除尘系统中等处均会使用起重设备，如果未经检测合格即投入使用，可能造成伤害事故。

2）因翻倒、超载、碰撞、基础损坏、操作失误、负载失落等原因引起各种起重伤害。

3）起重机常见事故有碰撞、吊运物体坠落、脱钩、钢丝绳折断、安全装置失灵、触电、吊物倾翻等。

（5）粉尘和毒物伤害

1）热风炉和水力冲渣系统会产生少量硫化氢和二氧化硫等有害气体，作业人员长期接触可能造成中毒。特别是硫化氢高浓度吸入时，可使人在数秒钟内突然昏迷，呼吸和心搏骤停，甚至死亡。

2）高炉粉尘主要为矿物性粉尘及煤尘。物料的装卸、储运、破碎、混匀、筛分及高炉上料系统和出铁场等处均会产生大量粉尘，如果没有经常（定期）打扫，还有可能造成二次扬尘，作业人员长时间在此环境中，有可能患尘肺病。

3）制粉和喷吹均有大量的粉尘产生，作业人员长时间在此环境中，有可能患尘肺病。

4）喷吹系统使用氮气加压、流化，制粉系统使用氮气作为保护气体防止爆炸，但是氮气泄漏会造成局部缺氧，引发人员窒息事故。

（6）高温和辐射

1）高炉出铁、出渣时，飞溅的炉渣和铁水可能造成人体被烧伤、灼伤事故。

2）高温环境是钢铁企业的一大特点。如出铁时有红外线辐射，炼铁温度可达到 1 200 ℃以上，会出现紫外线辐射。高炉出铁、冲渣时热辐射较强，当大量热量散发到空气中，环境温度高于体温时，会使人感到不适，尤其是在夏天，严重时可能造成中暑。

（7）噪声与振动

1）制粉系统主排风机后的尾气排放管道、磨煤机、煤粉收集与净化系统和空压站等均会产生较高的噪声，作业人员长时间处于强的噪声环境中，会造成一定的伤害。

2）炼铁生产系统中的噪声源主要有高炉炉顶均压煤气放散阀、高炉冷风放风阀、热风炉助燃风机、高炉煤气减压阀组、空压站和煤压站的压缩机以及高炉系统各除尘风机等。

3）炼铁生产系统使用了压缩机等配套设施，如基础不牢固、安装位置不好、未采取防振措施等，均会造成一定振动伤害。

47. 炼铁生产中的事故防范措施有哪些？

（1）煤气中毒事故预防措施

1）建立岗位责任制。在有煤气的生产区域作业，应做到双人操作、定期检测、有人监护。对煤气设备应加强巡检，使设备始终处于受控状态。

2）进入设备内部或有限空间作业，必须办理危险作业审批手续。作业前要对煤气浓度、空气中的氧含量进行检测，氧含量为18%~23% 方可进入，作业期间每30分钟检测一次，还要有人监护，发现异常立即停止作业。作业现场煤气防护站的人员必须到场，带足呼吸防护器材，做好事故应急救护准备。如果发生事故，在救护时，救护者应做好个人防护，防止事故扩大。

3）划定煤气危险区域，对区域内作业人员配备煤气监测仪。在煤气区域内的值班室、操作室和控制室等有固定作业人员的区域应装设煤气报警仪。做好煤气中毒应急演练，掌握煤气中毒应急处置技能。

4）严格遵守在一氧化碳浓度超标区域限定的作业时间规定。

5）煤气中毒急救：①中毒者和其他人员迅速撤离至煤气区域的上风或侧风处；②对中毒者现场急救，轻微中毒者可送往医院急救，对中毒较重者，应通知煤气防护站和医生赶到现场急救；③切断煤气来源，如关闭管道阀门、堵盲板、堵塞泄漏点等，已有外溢煤气的要采取通风、开门、开窗等有效措施，以降低空气中煤气含量。

（2）有限空间中毒和窒息事故预防措施

1）打开料仓（罐）、渣仓、煤仓、烟道及其他有限空间的盖子后，必须做好洞口防坠落的隔离和防护。沿顶和沿洞边作业，必须系安全带，防止高处坠落伤害，一旦发生，必须及时组织抢救。落入松软粉尘、渣仓时，千万别挣扎，防止越陷越深。有人落入有毒有害或缺氧仓内时，不能贸然进入抢救，必须佩戴好空气呼吸器，穿着好防护服，防止事故扩大。

2）实施隔离。在设备停止运转后，将其与外界连接的管道用盲板切断，使之与生产系统安全隔离。将所有电源开关拉下并加锁，挂上警告标志牌。

3）清洗和置换。进入有毒有害的有限空间作业前，必须用蒸汽或工业稀有气体进行吹扫、置换。当用置换和吹扫不能除去黏结在设备内壁上的可燃有毒介质结垢物、附着物时，还要进行清洗，直至达到安全要求。

4）取样分析。经过严格的清洗和置换后，要对设备内的气体进行取样分析，以保证设备内的可燃物质不超过其爆炸下限的1/4。同时要保证罐内氧含量为18%~23%，以防在罐内作业出现缺氧现象。

5）通风。为了保证罐内有足够的氧气，防止烟尘和有毒气体的积聚，应打开所有人孔、手孔、烟门、风门等以利自然通风，必要时还要采取机械通风。

6）监护。进入罐内和狭小的空间作业必须有专人监护，监护人应有较好的作业经验，熟悉设备及其工作状况，具备安全知识。监护人应对被监护人的安全负责，坚守岗位，如发现违章作业，可责令其停止或纠正。监护人应选择适当的位置并注意保护自己，做好处理事故的一切准备。监护人还应具备一定的急救知识和应急处置能力。

7）清理有限空间内板结。清理有限空间内板结可采取高压水（气）冲的办法。用高压水（气）冲洗时，必须站在高处往下冲，不得站在低处往上冲。在人工处理时，可采取层层剥离的办法，即料线降至1.5米左右后，下面垫着跳板（防止下陷）等进行清理；清理完一段后，再降料线，一段一段往下剥离。

（3）机械伤害事故预防措施

造成机械伤害事故的主要原因是：安全操作规程不健全，管理不善，操作者违章；保险装置或安全防护装置损坏及失灵；工作场地照明不良，环境温度、湿度不合适，地面有油、水打滑等。

1）胶带输送机应设有符合国家标准要求的安全装置、消防设施和必要的防尘设施，现场要有足够照明，通道宽度要符合要求。

2）停机后再次启动时，必须检查确认胶带上无人。

3）严禁从胶带上方跨越、下方钻过或乘坐胶带。

4）胶带机检修、维护、清扫、处理堵料等作业，必须停电、停机，开关箱设置于零位，挂上"有人作业，严禁操作"的警示牌。还须派专人在启动开关箱处监视或者在中控室挂牌。

5）巡检时严禁触碰运转设备。在运转设备附近进行检修、维护、清扫、处理堵料等作业时，必须进行有效隔离。

（4）起重伤害事故预防措施

1）起重机司机和司索工必须经过安全培训，经考核合格取得特种设备操作证。严禁违章作业、违章指挥，严格要求作业现场管理。

2）确保制动器、卷扬限位、行程限位、缓冲器、走轮防护挡板、轨道末端立柱、夹轨钳、安全联锁等安全装置完好。对起重设备应及时检查维护，确保设备完好。

3）吊具安全可靠，钢丝绳和链条达到规定的安全系数，链条不应有裂纹、刻痕、剥裂等。司索作业应符合规范，避免夹角过大，防止尖锐棱角重物损伤吊具等。

4）起重机电气装置应安全可靠，接地良好，布线规范；起重机滑线不能与驾驶室在同一侧；照明、电铃接线与动力线应分开，供电滑线应有鲜明的色标信号灯。

5）起重机作业现场应照明充足，吊运通道畅通；起吊前应检查制动器、吊钩、钢丝绳和安全装置；开车前、起吊前和操作中接近人时要铃声报警；吊物应平稳，起吊和放物时应慢速，严禁吊物从有人的区域经过；工作结束控制手柄应归零位，并关闭总开关。

（5）粉尘危害预防措施

如果粉尘不加以控制，将破坏作业环境，危害职工身体健康并损坏机器设备，还会污染大气环境。粉尘侵入人体的途径主要有呼吸系统、眼睛、皮肤等，其中呼吸系统为主要途径。粉尘对呼吸系统的危害主要有：尘肺、肺部病变、呼吸系统肿瘤和局部刺激作用等。粉尘危害预防措施主要有：做好职工职业卫生教育工作，提高其防尘意识；重点做好作业防尘，落实规章制度，做好综合防治，改进工艺和设备；加强对除尘设备的维护和管理，使除尘设备处于完好和有效状态；落实个人防尘用品的使用和管理；严禁高处抛洒，防止二次污染。

（6）高温和辐射伤害事故预防措施

1）高温环境下易发生中暑，特别是在夏天更容易发生。作业场所的防暑降温措施主要有：改善作业环境，可采取隔热、通风等措施；加强个人防护，穿戴好劳动防护用品；制定合理的休息制度，调整作息时间，改善休息条件；提供清凉饮料、医务监护、定期体检等。

2）严格遵守操作规程，加强对辐射源的控制和管理；远离放射源，接近时要做好屏蔽和隔离措施；对操作放射性物质的场所进行封闭和隔离，防止无关人员误入。

（7）噪声伤害事故预防措施

噪声是一种物理性有害因素污染，产生对人体听觉的损害，对神经系统、心血管系统及全身其他器官也有不同程度的影响，可引起神经衰弱、血压不稳、肠胃功能紊乱等，出现头痛、头晕、睡眠障碍等病症。在噪声的干扰下，人们感到烦躁、注意力不集中、反应迟钝，不仅影响工作效率，而且降低了对事故的判断处置能力。噪声伤害的预防措施主要有：选择低噪声的设备，改进生产工艺和操作方法，设置隔声间；实行轮换作业，缩短作业人员在噪声环境中的时间，加强个人防护等。

（8）振动伤害事故预防措施

振动职业危害分为局部振动危害和全身振动危害。局部振动病是由于局部肢体长期接触强烈振动而引起肢端血管痉挛、上肢周围神经末梢感觉障碍及关节骨质改变的职业病。该病的典型表现是手指发白，并伴有麻、胀、痛的感觉，手心多汗。全身振动危害会引起交感神经和血管功能的改变，出现血压升高、心率加快、胃肠不适等症状。全身振动引起的功能性改变，在脱离振动环境和休息后，多能自行恢复。振动伤害的预防措施主要有：改进作业工具，做好防振；轮流作业，减少接触时间，采用合理的预防用品；定期体检，做好振动病的早期预防工作等。

48. 烘炉安全操作注意事项有哪些?

（1）烘炉的主要作用

烘炉可缓慢地去除高炉内衬中的水分，提高内衬的固结强度，避免开炉时升温过快，水汽快速逸出，致使砌体爆裂和炉体剧烈膨胀而损坏。烘炉可使用固体燃料、气体燃料和热风，目前用热风烘炉比较多。烘炉的温度和进程可用风温和风量来控制，特点是方便安全。

（2）烘炉安全操作注意事项

1）高炉炉缸和炉底用炭砖砌筑，烘炉前应砌一层黏土砖加以保护。铁口通道应用不可燃物质堵严实，以防止烘炉时烧坏碳素材料。此外，烘炉期间应注意观察测温电偶的数值，准确控制烘炉温度。

2）为便于排出水汽，烘炉期间应把所有灌浆孔打开，烘炉完毕后再封闭。

3）烘炉期间，托梁与支柱之间，炉顶平台与支柱间的螺钉应处于松弛状态，以防胀断，并应检测炉体各部位（包括内衬及炉壳）的膨胀情况，发现问题要及时处理。

4）烘炉应彻底烘干，否则残余水分可能引起开炉困难或酿成事故。

49. 开炉安全操作注意事项有哪些？

高炉开炉前，全套设备必须经过可靠的试运转，并且备足所需物资，如水、电、风、蒸汽、燃气及氧气等应有足够的供应。

（1）开炉准备

1）确定炉缸填充方式。

2）测定开炉料堆密度。

3）取得焦炭、矿石和溶剂等的分析数据，以及高炉各部位容积的数据。

4）确定炉料压缩率和总焦比（开炉料焦比）。

5）预定生铁成分、炉渣成分及碱度。

6）预计铁、锰、硫等元素的分配比例。

7）确定焦炭和矿石的批重。

8）有关计算及核算。

（2）开炉操作

1）装料。装料时要防止热风炉煤气泄漏，经热风管流入高炉内，发生炉内作业人员煤气中毒事故。装料作业时，必须严格按照开炉料计算的品种、数量、装料制度和批次执行。

2）点火送风。点火前，应做好炉前准备工作；煤气系统应全部处于准备送煤气状态，并通入蒸汽；均压系统要正确操作，并开启炉顶放散阀。

3）送煤气（高炉荒煤气输出）。点火送风后经 1~3 小时，炉顶煤气压力达 2.94 千帕以上，经爆发试验合格后，可将荒煤气输往清洗系统。

4）出渣出铁。根据下料批次数估计炉缸内的渣、铁量达到炉缸安全容铁量一半时，可出第一次铁。出铁前可放渣，但应注意渣口安全。

5）高炉中修后开炉。高炉中修后开炉前，应将炉缸内残余物质（包括施工废弃物）清除至铁口平面以下，清除越彻底越好，还要对每个铁口进行疏通。

50. 停炉安全操作注意事项有哪些？

（1）高炉停炉前必须出尽残铁，以利开炉，停炉方法分填充法和空料线法。填充法是指使用碎焦、石灰石或砾石来代替正常料，维持原来料线或稍为降低料线。此法比较安全，但停炉后清除炉内物料工作量大，耗费大量人力、物力、财力和时间。空料线法是指停炉过程中不装料，炉内料面下降时，从炉顶喷水以控制炉顶温度，当料面降至风口平面以下时休风。按此法停炉后，炉内物料清除工作量少，费用最省，故广为采用。但停炉过程中危险性较大，须特别注意安全。

（2）空料线停炉易发生气体爆炸，按爆炸性质和原因可分两类：第一类是煤气温度高，含一氧化碳和氢气量也高，与空气混合而产生爆炸。这类爆炸的必要条件是有空气混入，因此只要将煤气有效切断，停炉操作过程中避免崩料、坐料、中途休风等，就可防止。第二类是水汽爆炸。这类爆炸的产生条件是具有热量充足的热源，当数量足够的积水，遇到热量充足的热源时，突然汽化膨胀，能量瞬间释出而发生爆炸。

（3）空料线停炉在喷水降温时，要避免产生爆炸的条件，关键在于喷水量和喷水方法：应将煤气发生量、煤气始温和炉顶温度三者结合，来控制单位时间的喷水量，不可任意增减，因此除设流量表之外，应在喷水管设旁路放水阀，供调节喷水量用；喷出的水应成细滴，以利汽化，不可大股流出；料线越深，煤气始温越高，水汽爆炸的危险性越大，越要精心操作；控制喷水量的直接依据是，炉顶温度下限不宜低于 250 ℃，上限视炉顶设备要求而定，也不宜高于 550 ℃。

51. 封炉安全操作注意事项有哪些？

（1）停风前

1）根据高炉顺行情况，封炉前应采取洗炉、适当调低炉渣碱度、提高炉温和发展边缘等措施。

2）封炉用原料、燃料的质量要求不低于开炉料，矿石宜选用不易粉化的。

3）封炉料也由净焦、空料和正常轻料等组成，炉缸、炉腹全装焦炭，炉腰及炉身下部根据封炉时间长短装入空料和正常轻料。封炉料的计算及装入方法参照大修后高炉开炉的要求。

4）停风前出渣、铁。

5）当封炉料装入之前，炉料料面降到风口平面时，按长期休风程序休风。

6）炉顶料面加装水封，以防料面焦炭燃烧。

（2）停风后

1）严格做好炉体密封，确保不漏水、不漏风；各风口堵泥；详细检查炉壳、漏缝处是否已焊死；详细检查冷却系统和蒸汽系统，损坏处应更新或封闭；冬季应做好关闭器件的防冻。

2）封炉期间应减少冷却水量。

3）封炉一天后，为减少自然抽力，应逐渐关闭放散阀，但人孔仍可开启。

4）封炉期间设专人观察炉体各处有无变化，炉顶温度降至100 ℃以下后，应保持平稳；停风 3 日后炉顶应点不着火；如炉顶料面继续下降，炉顶煤气火焰有变化，是密封不严之故，应迅速弥补。

（3）复风

送风前各项设备须试运转，并详细检查冷却系统、蒸汽系统、煤气系统等。根据风口、铁口扒出旧焦炭的情况，来考虑送风、除铁方案。

52. 炼钢生产中的主要危险有害因素有哪些？

（1）灼烫伤害

灼烫包括火焰烧伤、高温物体烫伤、化学灼伤（酸、碱、盐、有机物引起的体内外灼伤）、物理灼伤（光、放射性物质引起的体内外灼伤），不包括电灼伤和火灾引起的烧伤。炼钢生产过程中，铁包、转炉、钢包、中间包等设备在工作时容易引发灼烫伤害事故。

（2）起重伤害

起重伤害是指在生产用材料及设备的吊装、搬运过程中，或在日常工作中也经常存在的吊物挤、撞、坠落以及碎块飞出伤人的事故。起重伤害事故的主要类型有吊物坠落、挤压碰撞、触电和机体倾翻等。炼钢厂内行车数量多，作业频繁，存在起重伤害的可能性较大。

（3）高温危害

炼钢作业过程中存在高温和热辐射危害。高温可以抑制中枢神经系统，使作业人员在操作过程中注意力分散，肌肉工作能力降低，从而导致工伤事故。尤其是炼钢炉在熔炼时车间温度较高，对作业人员容易造成高温危害。

（4）噪声危害

在炼钢转炉吹炼、溅渣护炉、合金料下料等过程中，均会产生较大的噪声。噪声能引起人听觉功能敏感度下降甚至造成耳聋，或引起神经衰弱、心血管疾病及消化系统等疾病，噪声干扰影响信息交流，促使错误操作发生率上升。

（5）机械伤害

机械伤害的实质是机械能（动能和势能）的非正常做功、流动或转化，导致对人员的接触性伤害，其形式因生产设备的差异而表现为挤压、碰撞和撞击、割伤、擦伤或缠住等。炼钢厂内机械设备、运输皮带较多，操作人员易于接近的各种可动零部件和裸露的转动部分都是危险部位，如果这些机械设备的转动部件外露或防护措施和安全装置不完善，很容易造成人身伤害事故。

（6）电气伤害

电气事故可分为触电事故、静电危害事故、雷电伤害事故和电气系统火灾事故等几种。

1）触电事故。触电事故的伤害是由电流的能量造成的，可分为电击和电伤两种情况。如果车间内电缆没有采取有效的阻燃和其他预防电缆层损坏的措施，电气设备接地接零措施不完善，临时性及移动设备（含手持电动工具及插座）的供电没有采用漏电保护器，或漏电保护器性能不完善等，都会造成生产设备及电动设备、厂房电气设备漏电而引发触电伤亡事故。

2）静电危害事故。在有爆炸、火灾风险的环境内，若可能产生静电危害的设备、除尘管路等无防静电接地，静电荷将聚集，一旦有放电条件，静电荷通过放电点瞬间放电形成火花，从而引起火灾事故。

3）雷电伤害事故。炼钢厂部分厂房高度一般都会超过 50 米，在雷雨天存在着被雷击的危险。

4）电气系统火灾事故。变配电系统有大量变电、配电、用电的电气设备，如变压器、断路器、互感器、配电装置、高低压开关柜、照明装置等，在严重过热和故障情况下，容易引起火灾、爆炸事故。

（7）火灾和爆炸危害

炼钢生产涉及的压力容器和管道较多，如氮氧管道、煤气管道、蒸汽汽包、余热锅炉等，均容易导致爆炸事故；厂房内火源多，容易引发火灾事故；一次除尘系统中煤气发生意外泄漏或积聚，很容易导致火灾和爆炸事故。

（8）生产性粉尘危害

炼钢生产性粉尘主要来自原料运输粉尘、铁水脱硫烟尘、转炉冶炼烟尘、钢水精炼烟尘、烧钢包口产生的烟尘等。粉尘根据其理化性质、进入人体的量和作用部位的不同，可以引起职业性呼吸系统疾患，如尘肺、职业性过敏性肺炎、呼吸系统肿瘤等。

（9）有毒气体危害

氮气、氩气具有高密度性、窒息性，沉积在底层空气中容易使人窒息。由于炼钢过程中需要使用氮气和氩气，当管道、阀门发生泄漏，容易导致局部区域氧含量急剧降低。在一次除尘系统中，当转炉煤气发生意外泄漏，同样容易发生煤气中毒事故。

53. 炼钢生产中的常见事故有哪些？

（1）喷溅

由于工艺控制不合理，如在渣太稀时兑入铁水，会使炉内氧化反应过于激烈，发生钢水喷溅。喷溅时若防护措施不当，可造成人员伤亡。

（2）氧枪事故

氧枪事故表现为卡枪、烧枪、氧枪坠落等设备事故，若处置不当，会引发爆炸等严重的安全事故。

（3）重大炉壁穿透事故

重大炉壁穿透事故可造成大量高温钢水外泄。如某钢铁集团转炉作业区混铁炉发生重大炉壁穿透事故，造成大量高温钢水外泄，造成多人伤亡。

（4）煤气系统事故

煤气系统由于存在转炉煤气这种高度危险物质，因而存在火灾、爆炸、急性中毒等重大安全事故的风险。从工艺、设备安全管理的角度分析，最常见的煤气系统事故隐患就是泄漏，大部分安全事故均是由于泄漏引发。在我国冶金行业生产设备事故中，泄漏事故的百分比位居前列。

（5）漏钢

在连铸生产中，漏钢常造成作业人员烫伤，还容易导致设备损坏、废品增加，打乱了生产的正常秩序。黏结漏钢是连铸生产中出现最为频繁的一种漏钢事故。

（6）转炉氧枪、烟道、烟罩等部位漏水引起爆炸

漏水的原因有设备方面的，也有管理操作方面的，如结渣严重，结渣的部位容易引起漏水。水漏至炉内，会引起猛烈爆炸。

（7）起重设备事故

起重设备若存在隐患，在运行中发生铁水包（罐）倾覆等生产事故，极易造成现场作业人员被灼烫等伤亡事故。

54. 连铸过程中的安全注意事项有哪些?

（1）大包回转台旋转时，运动设备与固定构筑物的净距应大于 0.5 米。

（2）连铸浇铸区，应设事故钢水包、溢流槽、中间溢流罐。

（3）对大包回转台的传动机械、中间罐车传动机械、大包浇铸平台，以及易受漏钢损伤的设备和构筑物，应采取防护措施。

（4）连铸主平台以下各层，不应设置油罐、气瓶等易燃、易爆品仓库或存放点，连铸平台上漏钢事故可波及的区域，不应有水与潮湿物品。

（5）浇铸准备工作完毕，拉矫机正面不应有人，以防引锭杆滑下伤人。

（6）钢包或中间罐滑动水口开启时，滑动水口正面不应有人，以防滑板窜钢伤人。

（7）浇铸中发生漏钢、溢钢事故时，应关闭该铸流。

（8）输出尾坯时（注水封顶操作），人员不应面对结晶器。

（9）浇铸时应遵守下列规定：

1）二次冷却区不应有人。

2）出现结晶器冷却水减少报警时，应立即停止浇铸。

3）浇铸完毕，待结晶器内钢液面凝固，方可拉下铸坯。

4）大包回转台回转过程中，旋转区域内不应有人。

（10）引锭杆脱坯时，应有专人监护，确认坯已脱离方可离开。

（11）采用煤气、乙炔和氧气切割铸坯时，应安装煤气、乙炔和氧气的快速切断阀；在氧气、乙炔和煤气阀站附近，不许吸烟和有明火，并应配备灭火器材。

（12）切割机应专人操作，未经同意，非工作人员不应进入切割机控制室。切割机开动时，机上不应有人。

55. 连铸过程中的常见事故处理及预防措施有哪些?

（1）钢包穿漏事故处理

1）钢包穿渣线一般发生在钢包开浇之前，如钢包未吊到浇铸平台上方，则可在浇铸场地的渣盘区让其停止穿漏后再吊到待浇位，继续准备浇铸。

2）如在浇铸位上方发生穿漏，则要将钢包吊离到渣盘区让其停止穿漏后再浇铸。

3）如已经开始浇铸，则视是否影响人身安全和铸坯质量来决定停浇还是继续浇铸。一般情况下应继续浇铸，在其液面下降后会停止穿漏。

4）发生在中、下部包壁、包底的穿漏事故，只能中断正常浇铸操作。穿漏钢水可放入备用钢包或流入渣盘后热回炉或冷却处理。发生先兆穿漏事故，除可能造成穿渣线事故以外，必须立即终止浇铸，钢包钢水做过包回炉处理。发生穿漏事故必须通知操作区周围的有关人员注意事故包的运行方向，并及时避让，操作人员要注意预防钢水飞溅伤人。

（2）滑动水口穿钢水事故

滑动水口穿钢水持续不停，并有扩大趋势时，必须立即停止浇铸，钢包内钢水做过包回炉处理。滑动水口发生穿钢水时，应检查穿钢水部位。如发生在上、下滑板接缝以下，可采用关闭水口办法解决；如在滑板间发生少量穿钢水，或当滑板全开时，穿钢水停止，则要按钢流失控事故来处理，将钢流引入事故包做过包回炉处理，而不应该再关闭滑板，使穿漏事故形成不可控制状态。对一些极少发生的情况，如在滑板开闭过程中发现少量漏钢水，继而又在滑板的开闭动作中堵住不漏了，此时操作者应谨慎地对待，尽可能地控制好钢流，减少滑板的动作次数，以避免再次引发穿钢水事故。穿钢水发生在上滑板与上水口接缝处，则应立即移开钢包至安全处，终止浇铸。应急处理滑动水口穿钢水时，不能站立于滑动水口下方，并一定要注意选好退路，防止穿漏再次发生。处理穿漏钢包要防止钢水飞溅伤害，运送穿漏钢包时要注意通知周围人员避让，穿漏钢流也要避开地面积水、潮湿区和有设备的地方。

（3）滑板打不开和无法关闭事故

1）恢复和加强滑板冷却气体输送。可以加大气量，开大控制阀门，也可增加一根冷却管，经数分钟强冷却以降低滑板机构温度，促使其冷却收缩，减少黏结力，再尝试抽动滑板。当然，这种冷却不能用水或液化气体来代替。

2）增加滑动水口开闭力。如用人工压棒开闭，可增加压棒长度，利用杠杆原理增加开闭力，也可两人一起开闭水口。在使用液压系统开闭水口的情况下，可升高液压压力来增加开闭力。通过应急处理仍未能恢复正常控制的情况下，只能做善后处理，即未开浇的钢包钢水只能回炉。在浇铸过程中无法关闭钢流时，可先拆去控制压棒或液压油缸，待中间包钢水面升高到警戒线时，立即开动回转台或吊车，让钢包的钢流流入备用钢包或渣盘，中间包钢水面下降后再转回（开回），钢包继续浇铸，这样可反复几次将钢包内钢水浇完。在处理滑板粘连事故过程中，要注意钢水飞溅伤人。当升高液压压力时，也要注意油管爆裂和液压油喷出伤人，千万不要盲目松动滑板机构压紧螺钉，以防造成滑板松动，导致穿钢水事故。

第6章
轧钢工伤预防

56. 轧钢生产中的主要危险有害因素和危险场所有哪些？

轧钢生产过程中的主要危险有害因素有：高温加热设备、高温材料、高速运转的机械设备、煤气氧气等易燃易爆和有毒有害气体、电气和液压设施、能源和起重设备，以及作业环境中的高温、噪声和烟雾等。

主要危险场所有：一是有煤气等易燃易爆气体的加热炉区域、煤气和氧气管道等；二是有易燃易爆液体的液压站、稀油站等；三是有高压配电的主电室、电磁站等；四是高温运动轧件和可能发生飞溅金属或氧化铁皮的轧机、运输辊道（链）、热锯机、卷取机等；五是有辐射伤害危险的测厚仪、凸度仪等；六是易发生起重伤害的起重机；七是积存有毒、窒息性气体或可燃气体的氧化铁皮沟、坑或下水道等场所。

57. 坯库管理的安全注意事项有哪些？

（1）起重作业属特种作业，作业人员须先培训取证后方可上岗操作，吊运时必须听从地面指挥人员的指令。在使用夹钳吊装时必须选择规格型号与钢坯匹配的夹钳，作业前应检查易损件（各类轴销、齿板、开闭器等）的磨损情况，若超过磨损极限则及时通知维修人员维修更换。

（2）在使用磁盘吊时，要检查磁盘是否牢固，连接件是否超过磨损极限，电气线路是否完好，以防脱落伤人。

（3）使用单钩卸车前要检查钢坯在车上（或桩子上）的放置

状况；钢丝绳和车上的安全柱是否齐全、牢固，使用是否正常，钢丝绳有断丝超过10%或断股等缺陷必须报废处理。卸车时要将钢丝绳穿在中间位置上，两根钢丝绳间的跨距应保持1米以上，使钢坯吊起后两端保持平衡，再上垛堆放。400℃以上的热钢坯不能用钢丝绳卸吊，以免烧断钢丝绳，造成钢坯掉落造成人员砸、烫伤。

（4）钢坯堆垛要放置平稳、整齐，垛与垛之间应保持一定的距离，以便于工作人员行走，避免吊放钢坯时相互碰撞。垛的高度以不影响吊车正常作业为标准，吊卸钢坯作业线附近的垛高应不影响司机的视线。工作人员不得在钢坯垛间休息或逗留。挂吊人员在上下垛时要仔细观察垛上钢坯是否处于平衡状态，防止垛在吊车起落时受到振动而滚动或攀登时踏翻，造成压伤或挤伤事故。检查中厚板等原料时，垛要平整、牢固，垛高应不超过4.5米。

（5）大型钢材的钢坯可用火焰清除表面的缺陷，其优点是清理速度快。火焰清理主要用煤气和氧气的燃烧来进行工作，使用时注意火焰割炬的规范操作和安全使用，在工作前要仔细检查火焰割炬、煤气和氧气胶管、阀门、接头等有无漏气现象，氧气阀、煤气阀是否灵活好用，在工作中出现临时故障要及时排除。火焰割炬发生回火，要立即关闭煤气阀，同时迅速关闭氧气阀，以防回火爆炸伤人。火焰割炬操作严格按安全操作规程进行。

58. 加热炉安全操作注意事项有哪些？

（1）煤气操作人员必须经过相应操作技能的培训方可上岗操

作，无关人员不得进入煤气区域。

（2）点火的安全要求。开炉前先检查炉子烧嘴是否堵塞或损坏，各种阀门是否灵活可靠，重点检查煤气阀、法兰盘、接头及烧嘴等是否有泄漏。先开启鼓风机，检查煤气压力，若压力不足时要找出原因及时处理，压力过低不得点火。点火前用氮气吹扫煤气支管，打开各支管放散阀，用氮气置换煤气管道中的空气，然后再打开煤气总阀，在取样口做爆发试验，待爆发试验合格后方可点火，并关闭所有放散阀。点火时先用点燃的火把靠近烧嘴后再打开烧嘴前阀门，点着后再调整煤气、空气量。烧嘴要一个一个点，不得向炉内投火把点火。若通入煤气后并未点着火，则应立即将煤气阀门关闭，同时要分析原因并消除故障后，重新点火。

（3）停炉（熄火）的安全要求。逐个关闭烧嘴的煤气阀，停止输送煤气，关小空气阀，以保护烧嘴。停炉时间较长时，则需要打开放散阀用氮气进行吹扫，若停炉较短（不超过24小时）可以不用吹扫。

（4）日常检查、维护安全要求。在有煤气危险的区域作业，必须两人以上进行，并携带便携式一氧化碳报警仪；带煤气抽堵盲板、换流量孔板、处理开闭器，煤气设备漏煤气处理，煤气管道排水口、放水口，烟道内部作业，均应戴好呼吸器工作；烟道、渣道检修，煤气阀等设备的修理，停送煤气处理，加热炉煤气开闭口，开关叶型插板，煤气仪表附近作业，应有监护人员在场，并戴好呼吸器方可工作；加热炉顶及其周围，加热炉的烧嘴、煤气阀，煤气爆发试验等作业，应有人定期巡视检查。

加热炉发生事故，大部分是由于维护、检查不彻底和操作上的失误造成的，首先要检查各系统是否完好，各种传动装置是否设有安全电源，氮气、煤气、空气和排水系统的管网、阀门、各种计量仪表系统，以及各种取样分析仪器和防火、防爆、防毒器材，是否齐全完好。

59. 热轧作业安全技术要求有哪些？

（1）高压水除鳞机的安全技术

钢坯加热后表面形成一层氧化铁皮，轧制前需进行清理，否则影响钢材的轧制质量。高压水除鳞是由喷射到轧件表面的高压水产生打击、冷却、汽化和冲刷作用，从而达到破碎和剥落氧化铁皮的目的。因高压水的压力可达18兆帕以上，喷射力较强，飞溅的铁屑易伤害周围作业人员，因此除安装好防护罩外，其附近还应划出警戒区域，人员禁止进入。

（2）型钢和线材轧制的安全技术

1）轧辊安装时应控制吊运过程中的安全。轧辊的单重较大，预装后质量更大，故吊运必须平稳，选用吊绳必须在额载标准内，轧辊安装时要有专人指挥和监护。轧辊安装时轧辊预装放入翻转机要稳固，以免中途脱链，翻转作业时周围人员撤离至安全区域，作业人员不得在翻转机上攀爬。

2）轧制过程中，轧钢工必须严格遵守安全操作规程，启动轧机主设备和辅助设备前必须先鸣笛，再通冷却水。地面人员不得站立在轧机前后运输辊道上，轧机过钢时不得进行调整辊缝等调整、维护工作。各道轧制时在线手工测量必须示意操纵工停止输送钢坯和喂钢。打磨孔型时要等轧机停稳后方可实施，操作人员应站在轧机出口方向，且要戴好防护眼镜。

3）型钢轧制时由于钢坯加热过程中有阴阳面之分，钢坯经过轧制后因变形差异有不同程度的弯曲，从出口导位装置出来后易发生外冲现象；若导卫装置安装不正也会产生轧件扭转现象，故轧钢工要严密注视钢坯运行轨迹，不得站在出口方向；同时因钢坯有弯曲和扭转现象，喂钢时需人工辅助扳钢，所以轧钢工要注意站位，与操纵工协调配合确认，及时脱出扳叉，确保人员安全。

4）低温钢、黑头钢、劈头钢不得喂入轧机，以免造成卡钢或设备故障。

5）更换进出口导位装置时要注意与行车工的配合，要采用专用吊具，落实专人指挥。进出口导位装置安装要牢固，以免轧件飞出伤害。

6）因轧件的运行速度较快，正常生产时人员要与轧线保持一定的安全距离，禁止跨越轧线。

7）液压站、稀油站等易燃易爆区域禁止动火，检修动火须办理危险作业审批手续，落实相应的防火措施。

（3）板（带）轧制的安全技术

1）板（带）生产线目前大多采用先进的全线自动化控制技术，轧钢工接班后应对所用设备、仪表进行详细检查和确认；启动轧机主设备和辅助设备前应先鸣笛，再给水。设备运行时附近不得站人，开轧第一块钢要鸣笛示警，轧机出口处不得站人。

2）抢修、处理事故及更换毛毡时，除做好停电手续外，有安全销的部位必须插上安全销。使用C形钩更换立辊时，必须插好安全销轴。

3）轧辊拆装、行车吊运要有专人指挥。临时停机需进入机架内作业时，如有必要抽出工作辊，当支撑辊平衡缸将上支撑辊升起后，为确保作业人员安全，在上、下支撑辊轴承座间放防落垫块，以防平衡缸泄压伤人。

4）测量侧导板时，所在工作区域对应辊道必须封锁，关闭有关射线源和高压水，测量人员必须在指定位置作业。立辊轧机调整作业时，所在区域有关设备系统必须封锁。测量时，应至少有两人同时工作，指挥人员手势要正确明了，台上人员严格按台下人员的指令操作有关设备。对出口采用放射源工作的测厚仪、测宽仪等在"发射源工作"状态下时，任何人不准到测量区域工作或行走。临时停车、工作辊换辊、检查或到测量区工作时，必须停掉发射源，并确认处于"关掉"状态方可允许通过危险区。

5）正常生产时禁止跨越轧线，尤其是精轧机后的辊道。

6）地下室、液压站、稀油站等易燃易爆区域禁止动火，检修动火须办理危险作业审批手续，落实相应的防火措施。

（4）钢管轧制的安全技术

1）更换顶头、顶杆和芯棒，应采用机械化作业，不应用手直接操作。

2）作业前要检查确认穿孔机、轧管机、定径机、均整机和减径机等主要设备与相应的辅助设备之间电气安全联锁是否完好可靠，各传动部件处各类防护设施是否完好可靠。

3）开动穿孔机前要检查穿孔机顶头是否完好（有无塌鼻、压堆、裂纹等），如有损坏应及时更换。

4）热装轧辊要戴上棉手套，以免烫伤。

5）更换轧辊时应停机断电，调试过程中调整轧辊、导板、顶杆及受料槽等要与操纵工做好安全确认工作，不应在设备运行时实施调整作业。

6）穿孔、轧管、定径（减径）、均整时不得靠近轧件，防止钢管断裂和管尾飞甩及钢管冲出事故伤害。

7）质检钢管时为手工挑选，故要防止手指的挤压伤害。

（5）在线检测的安全技术

1）无关人员一律不得进入工作区，非岗位人员和非工作人员未经同意也禁止进入。

2）测厚仪工作、停止与关闭状态应有醒目的标志，在"发射源工作"状态下，不准到测量区域工作或行走。

3）临时停车、工作辊换辊、轧机在检查或到测量区工作时，必须联系停掉发射源，并确认处于"关掉"状态方可允许通过危险区。

4）较长时间的停车，如检修等，发射源由测量部门人员在测量房关闭安全开关，关闭的期限应通知有关人员。

5）测量仪检修需要发射源打开时，应自行封闭危险区。

60. 精整作业安全技术要求有哪些？

（1）锯切的安全技术

1）热锯机启动前应先检查确认各类旋转部件安装防护罩是否完好，检查锯片有无裂缝，尤其是锯片必须安装强度可靠的钢板防护罩，以防锯片爆裂时发生飞溅伤害。

2）正常生产时地面操作人员不得站立于锯片的正前方，以防锯花飞溅和锯片爆裂伤害。锯切时钢材支数不能超过额定值。

3）锯切时必须待型钢停稳后方可进锯。锯切时不得送钢，以免撞击锯片发生碎裂事故。

4）更换锯片必须待锯片完全停稳后方可进行，高速运行的锯片不得用刚性物件止停，只能使用木材等摩擦止停。

5）锯片有锋利的刃口，故搬运时必须戴好手套，吊运锯片必须使用专用吊索具。

（2）剪切的安全技术

1）操作前先熟悉剪切机安全使用说明和操作规程，操作时与地面人员落实安全确认信息。

2）启动前检查确认各类安全防护设施是否完好可靠。

3）对剪切机进行检修、调整和在安装、调整、拆卸及更换刀片时，应在机床断开能源（电、气、液），液压系统卸压，机床停止运转的情况下进行，并应在刀架下放上垫块或插上安全销。

4）擦拭设备、清理垃圾必须停机断电。

5）液压系统检修、动火必须停泵并卸压、办理审批手续，落实清洗、隔离等防火措施。

（3）矫直的安全技术

1）操作前先熟悉矫直机安全使用说明和操作规程，操作时要与地面人员落实安全确认。

2）启动前检查确认各类安全防护设施是否完好可靠。

3）更换矫直辊要选用合适的吊索具，捆绑牢固，吊放平稳。

4）送钢时要保持一定的安全距离，要用钩子去拉钢，不得用手直接接钢材，以免弯钢摇摆造成伤害。

5）液压系统检修处理必须停泵并卸压，动火作业须办理动火作业审批手续并落实相应的防火措施。

（4）钢轨钻铣的安全技术

1）操作前应先熟悉钻铣床安全使用说明和操作规程，操作时要与其他人员落实安全确认。

2）使用砂轮机磨钻头和刀片时必须戴好防护眼镜，以免磨屑伤眼。

3）拆装刀片和钻头及处理故障时必须停机断电，送钢时要做好相互确认。

4）操作钻铣床时不得戴手套。

5）清理钻屑要停机，并用专用工具操作，不得用手直接清理铁屑，以免割伤或被机械卷入伤害。

6）液压系统检修处理必须停泵并卸压，动火作业须办理动火作业审批手续并落实相应的防火措施。

（5）卷取/运输作业的安全技术

1）操作前应先熟悉卷取机安全使用说明和操作规程，操作时要与地面人员落实安全确认信息。检查设备运转情况时，必须通知台上操作人员，说明去向情况。

2）处理废品时，现场必须有专人指挥、专人监护。在堆钢辊道上穿钢绳或切割废品时，必须先切断相应辊道组的驱动电源。

3）处理和吊运卷取机内的废板时，卷取机周围不准有人，所有人员必须撤离至安全区。

4）启动运输链及步进梁系统设备，应先确认运输链及步进梁系统区域无人工作。启动后，运输链及步进梁附近不准有人停留，以免翻卷伤人。

5）运输链及步进梁运转时不准跨越。

6）进入卷取机内作业时必须将所有卷取机的上张力辊落下，活门关闭，上导板辊台上升，成型辊切换到最大限位，插上安全销。

7）液压系统检修处理必须停泵并卸压，动火作业须办理动火作业审批手续并落实相应的防火措施。

（6）平整分卷的安全技术

1）设备启动前，要确认设备周围、沟坑无人方可启动。

2）在步进梁上做捆带切除时，必须注意站位，防止卷尾弹开伤人，上料步进梁启动前，必须确认天车夹具已离开钢卷。不得跨越带钢、辊道、步进梁。

3）不得用手直接触摸钢卷，避免烫伤。处理异常卷时注意自身站位，避免钢卷外卷伤人。

4）测量原料参数时，要注意自身站位，待步进梁静止时才能进行测量。

5）处理检查矫直辊、张力辊时，必须在上、下辊间垫木头，需更换相关部件时，也必须停止本设备液压系统并卸压。

6）进入地沟作业必须两人以上，加强联系确认，设立警示标志或派专人监护。处理作业线上的异常情况或进行带钢分离作业时，必须全线停机，有专人监护。

61. 检修和清理作业安全技术要求有哪些？

（1）检修及清理作业前必须按停送电"三方确认制"要求断电挂警示牌，加热炉及煤气设备检修前，还需按规定用氮气或蒸汽吹扫，并经检测合格后方准进行，液压系统检修停机后必须泄压。

（2）检修电源必须有接零或接地措施，移动电器外壳必须接地。临时照明行灯必须使用安全电压（手持36伏或42伏，金属容器和潮湿环境内用12伏）。

（3）高压配电系统停、送电操作必须严格执行"二票、三制度"（工作票、操作票，停送电制度、危险作业审批制度、临时线敷设审批制度）。

（4）危险作业（高空作业、煤气作业、动火作业等）必须按规定办理相应级别的审批手续，编制施工方案并落实相应的安全防护措施。

（5）氧化铁皮沟、坑或下水道等清理要落实通风措施，以免发生中毒或窒息事故；上、下同时作业要进行交叉作业，若无法避免时必须落实相应的安全措施，并指定专人监护，确保人员安全。

62. 冷轧生产中主要危险有害因素有哪些？

（1）火灾

1）炉窑炉压突高炉口喷火，煤气、油气储存、输送设施泄漏失火。

2）用氢气做保护气体的炉窑进出口密封失效，氢气溢出失火。

3）盐浴炉、油淬火炉装入料潮湿产生高温炉液、炉油等喷溅引燃。

4）轧制油、修磨油、液压油、润滑油等油库、管沟区域用火失控。

5）变、配、用电设施使用不当、失修老化等产生"放炮"起火。

6）涂层、彩板使用的聚酯、塑料等化学溶胶的存储、使用不当失火。

7）积水坑、地沟、下水管道等位置的废纸、纱絮因火星失控引发火灾。

（2）爆炸

1）煤气炉窑的点火、配气、燃烧、停炉等操作不当产生的回火爆炸。

2）用氢炉窑的氧含量过限，或炉压失控而应急不当产生的爆炸。

3）水冷件缺水、堵塞，或配风配气的泄爆装置不动作产生的炉件爆炸。

4）煤气、煤尘、油雾等在半封闭空间达到爆炸极限，遇明火发生爆燃。

5）各类压力容器和管道的安全阀失效导致容器超压爆炸。

6）高压气瓶、液化气瓶及附件在运输、使用中破损产生的气瓶爆炸。

7）热镀设备周围有水，工具及物料带水或液面过高，漏锌发生爆炸。

8）变压器、开关盘柜、高压电缆或高压电气故障产生的燃爆及"放炮"。

（3）中毒

1）使用、输送煤气的设施泄漏发生煤气中毒。

2）排放、泄漏处理酸、碱等不当，发生化学反应产生的毒害气体中毒。

3）封闭或半封闭的水池、地沟、水井等场所产生的硫化氢气体中毒。

4）氰、砷、汞化合物等检验用有毒试剂存取、使用不当引起的中毒。

容易产生爆炸的因素

煤气炉窑的点火、配气、燃烧、停炉等操作不当产生的回火爆炸。

水冷件缺水、堵塞，或配风配气的泄爆装置不动作产生的炉件爆炸。

高压气瓶、液化气瓶及附件在运输、使用中破损产生的气瓶爆炸。

变压器、开关盘柜、高压电缆或高压电气故障产生的燃爆及"放炮"。

（4）窒息

1）进入含氮气、氢气的设施未进行彻底吹扫、置换，因缺氧产生的窒息事故。

2）使用的二氧化碳气体泄漏，进入其积聚的相对封闭空间产生的窒息事故。

3）进入球罐、炉窑等空间，吹扫、置换、通风不良等因缺氧产生的窒息事故。

（5）机械伤害

1）在轧机、送料辊等入口侧作业不当造成肢体被成对的辊子咬入碾轧。

2）在卷取机、托辊等入口侧作业不当造成肢体被带钢、线材卷进缠绕。

3）在链运机、活套等运动部件上作业，肢体被链条、牵引绳绞入撕拉。

4）在横切剪、废料剪等运动部件下处理故障不当造成肢体被剪切离断。

5）在狭小空间作业不当被突然推进或升降的运动物件造成肢体受挤伤。

6）钢卷或成捆成垛钢材塌落、滚动、散包或"抹牌"造成肢体受碾压。

7）作业中冲头、导板等装置失控，造成接触人员肢体受砸击。

8）某些钢种带钢、型钢等生产中产生的飞边、裂片等造成肢体受击打。

9）高速过钢的钢管头、钢筋头失控和人员站位不当造成肢体被刺戳。

10）在钢丝生产中接触钢丝不用工具或手套，手指不慎被毛刺划破。

11）打包机穿带或拉紧中操作人员配合失误，造成手指被夹挤划伤。

12）作业场地有水有油、光线缺失、坑洼不平等造成人员碰伤或摔伤。

（6）起重伤害

1）钢卷或线盘C形钩、立卷吊具等使用、维护不当，造成吊运中坠物。

2）捆带强度不够突然断裂，或打捆不当造成吊物在吊运中"散包"。

3）穿带或断带处理中使用行车辅助作业不当，造成料头或绳索头甩出。

4）罩式炉内外罩、轧机辊组等大型工具吊落太猛，移动晃动造成人员被挤撞。

5）在吊出单件时成排、成垛的钢卷、盘条等失稳产生的混动、塌落。

（7）化学性危险

1）酸洗工艺中的酸雾收集、处理不良，易造成接触人员的吸入伤害。

2）某些除鳞液、脱脂液、清洗液逸散气体易造成接触人员吸入伤害。

3）某些磷化、钝化、涂胶溶剂等逸散气体易造成接触人员吸入伤害。

4）铅浴炉盖、覆盖剂，通风和个体防护不良，易造成人员的吸入伤害。

5）装卸、加注酸、碱操作或防护不当，溅出液体易造成人员接触伤害。

6）酸洗设备、管道维修不良，跑冒滴漏的酸液易造成人员的接触伤害。

7）酸槽、盐浴炉上物料装卸失误，溅起液体易造成人员的接触伤害。

8）液氨瓶嘴阀或氨分解装置泄漏，液氨易造成人员的接触伤害。

9）进入酸、碱装置未采取排空、冲洗等防护措施，易造成人员吸入伤害。

（8）粉尘危害

1）直接用煤粉炉炉压控制，烟尘和炉渣处理不当，易造成粉尘危害。

2）喷丸、喷砂设施密封耗损，回收和除尘装置不良等，易造成粉尘危害。

3）机械除鳞设施密封和除尘装置不良，铁鳞处理不当等，易造成粉尘危害。

（9）放射线危害

1）测厚仪、板形仪等隔离和屏蔽措施失控，易造成人员放射性伤害。

2）射线型料位、液位计隔离和屏蔽措施失控，易造成人员放射性伤害。

63. 冷轧生产安全技术要求有哪些？

（1）防火

1）对油库、主电室、电缆隧道等重点部位要规范操作管理和定置管理，严格巡检及动火管理，大型机组要有火灾探测、报警及自动灭火装置。

2）强化煤、煤气、液化石油气等储存、输送和使用管理，大型煤储槽、储油罐、储气柜要有火灾探测、报警和安全联锁装置。

3）用氢气做保护气体的退火炉要保证炉体和炉口密封，严格炉压控制，特殊的部位要设置火灾监测、报警、联锁和自动灭火装置。

4）冷弯型钢、冷轧（拔）钢丝等涉及用油淬火、回火工艺的熔融炉要有温度、火焰监控及安全联锁，冷却部位要有防止冷却水倒流措施。

5）轧机、修磨机等设备的抽油雾装置，地下油库、液压站等地点的通风换气装置的控制应与火灾自动报警、灭火装置有安全联锁。

6）涂镀、彩板等生产车间必须独立设置，应保证有符合规范的防火间距、消防通道和应急器材，必须有良好的接地保护、强制通风和消防设施。

7）涂镀、彩板等生产工艺中使用的溶剂、树脂液、黏合剂等应集中统一配制，要采取相应的安全防范措施和消防应急手段。

8）供排油系统要有压力显示、泄压保护和安全联锁设施，重要的地下油库、管廊设置火灾监测、报警和自动灭火装置。

9）应保证变压器用油、开关灭弧、变配电柜和电缆、用电装置等的电气防火措施，重要部位要设置火灾监测、报警、联锁和自动灭火装置。

10）对冷轧工厂的现场和地下积水坑、管廊、地沟、下水管道等处的废纸、废布和油脂等易燃物应及时清理，动火与焊割前后要确认无隐患，加强监护。

11）保持消防安全通道畅通，保持现场油脂、化工稀料、垫纸及垃圾等易燃物料定量定置管理有效，实施严格的现场禁烟制度。

（2）防爆

1）煤气、燃气及易燃易爆溶剂存在区域要有明确的划分和告知标志，厂房建筑要符合防火防爆等级，使用防爆电气和照明设施必须符合规范。

2）炉窑要规范点火、升温、降温、停炉及事故应急操作，严格控制炉温与炉压，防止炉温过高塌炉和炉压失控回火炸炉。

3）加热炉用供气、供油主管网要有低压监测、报警和安全联锁，加热设备与引风机、鼓风机之间应设置风压监测、安全联锁和泄爆装置。

4）炉窑烧嘴中途断火的处理，煤气燃气设备设施及附件等的故障处理，要严格按规范进行确认、关气等安全措施。

5）有水冷壁、水梁等水冷件的炉窑应配置安全水源并保证水质、水温、水压等符合设计要求，供、回水管路应有水温、水压等测量及报警装置。

6）氢气做保护气体的退火炉要严格控制炉压及炉气含氧量和露点，要设置自动在线监测、报警和安全联锁及泄爆装置，保证有应急充氮设施。

7）压力容器和压力管道要严格按规范使用，压力表、安全阀要定期校验，气瓶要固定，安全附件要齐全。

8）热镀设备和接触镀液的工具以及投入镀液中的物料，应预热干燥，锌锅内的液面要严格控制与上沿的距离，热镀设备周围不得有积水。

9）高压电动机、变压器、开关盘柜等要按额定要求使用和定期整定调校，严防超载使用和违章操作造成电气"燃爆"。

（3）防中毒

1）防煤气中毒。

2）规范酸、碱、盐等化学物料的装卸、储存和使用，防止处理不当发生化学反应产生毒害气体。严禁盲目乱用不同酸、碱种类的储槽、储罐。

3）进入水处理池、地沟、下水井等，要保证通风换气和现场监护，要对硫化氢等有毒有害气体检测合格后方可入内作业。

4）对理化检验中氰、砷、汞化合物等有毒试剂存取、使用等要严格管理，严防丢失、扩散引发中毒事件。

（4）防窒息

1）进入氮气、氢气、二氧化碳的设施，要对气源进行可靠切断，要用空气吹扫置换，检测含氧量合格方可进入作业。

2）进入球罐、炉窑等密封或半密封空间，要保证吹扫、置换、通风措施的落实，在检测含氧量合格的情况下方可进入作业。

（5）防机械伤害

1）在轧机、矫直机、送料辊、刷洗辊、挤干辊等入口侧作业时，禁止手脚等接触转动的辊子的咬入部位。

2）禁止不停车在卷取机、收线架、废边卷、转向辊、张力辊、托辊等入口侧作业，如处理带钢、线材、钢丝、废边角料等跑偏、粘料、缠丝等作业。

3）不得在链式运料机、活套塔、打包机等运动部位处跨越、停留或作业，作业、巡检等过程中肢体不得靠近链条、牵引绳、钢带边。

4）在横切剪、纵切剪、碎边剪、废料剪等机械上处理故障时必须停车，并且采用可靠的定位装置固定住剪切部位后方可进行。

5）在不能停机的情况下进入狭小空间工作，必须事先"三确认"：一是确认运动件方向，二是确认自己不会被挤伤，三是确认对外联络通畅。

6）钢卷或成捆、成垛钢材的移动、装卸、堆放时，要保证捆绑牢靠、环境无障碍及人员安全，放置位置平整或有卷架、挡铁。

7）对未退火的冷轧钢卷打捆带或开捆带作业中，必须使用压辊压住带头，要选用强度有保障的钢捆带、卡具，人员站位要回避钢卷头甩出方向。

8）在型钢冷弯、冲压、矫平及冷轧钢管、钢筋矫直等作业中，站位要保持安全距离，禁止不停机触摸冲头、导板等装置。

9）要对某些钢种在冷轧、冷冲压等工艺过程中易产生的飞边、裂片有事先认识，避免接近设备周边，有条件的可设置挡板或护网。

10）在过钢速度较高的冷轧钢管、冷轧钢筋生产中，作业人员不得站立于管头、钢筋头运行路线的前方。

11）钢丝在拉模、牵引机、导轮等各运行部位中，禁止作业人员徒手接触钢丝，处理异常情况时必须停机。

12）在自动打包机穿钢捆带或拉紧过程中，作业人员不得接近设备，禁止用手脚或工具接触钢捆带。

13）作业场地要平整，光照适度，及时清理积水和油污，在油库、液压站、润滑站等用油脂的设备设施上下梯、台时，人员要注意行走安全。

（6）防起重伤害

1）吊单张钢板用的爪具、吊钢卷或线盘的C形钩吊具开度等要定期检查，吊耳或钳口磨损过度、吊具出现裂纹的必须停止使用。

2）要严格要求打捆钢带的选用条件和进货检验及使用要求的管理，对钢卷、线盘及成垛物料打包要保证规定的道数和位置。

3）开机穿带或断带处理等过程中使用行车辅助，必须保证对料头穿正捆牢，缓慢拉行，禁止强拉硬拽。

4）罩式炉内外罩、大轧辊辊组等大型工具吊运要保持吊具、索具可靠，吊正吊稳，缓慢行走，禁止斜拉斜吊。

5）在成排成垛的钢卷、盘条中吊出单件前要确认排垛放置和周边情况，试吊中发现其他件有滚动或塌落要立即中止，采取固定措施后再作业。

（7）防化学伤害

1）保持酸洗设备的酸雾处理或废气排放装置处于有效状态，

环境通风换气正常，作业人员做好个人防护。

2）使用某些除鳞液、脱脂液、清洗液等化工物料的装置要保持密封有效，环境通风换气正常，作业人员做好个人防护。

3）涂层、镀层、彩板工艺用的磷化、钝化、涂胶、涂色溶剂等在工艺装置中要保证密封有效，环境通风换气正常，作业人员做好个人防护。

4）使用铅浴炉热处理钢丝的工艺，要保证炉盖密封有效，覆盖剂充足，环境通风换气正常，作业人员做好个人防护。

5）装卸、加注、加热工艺用酸、碱、盐的作业人员要使用带有面具的头盔、防酸碱的手套和工作服，要保持与加注管头的安全距离。

6）加强酸罐酸槽、酸管道阀门、酸加热装置等的检查维修，及时处理跑冒滴漏，作业人员要做好个人防护。

7）冷轧钢管、冷弯型材或拉拔钢丝等在酸液槽、盐浴炉等中进行处理时，要严格捆绑、吊运、装卸操作，保证物件轻入慢出，防止飞溅。

8）装卸液氨瓶要防止碰撞瓶口阀，使用氨分解产生氢、氮保护气体的装置，要保证设备严密性，要规范氨分解汽化的操作。

9）酸、碱化工装置在入内检查、清理废渣、动火修理等作业时，必须按规范进行排空、冲洗，并采取防护及专人监护措施。

（8）防粉尘危害

1）直接使用煤粉做燃料的加热炉要控制炉压为微正压，保证抽尘和炉渣装置有效，通风换气正常，人员要做好个人防护。

2）喷丸、喷砂方式除铁鳞设施，要保证密封、丸粒回收和除尘装置有效，通风换气正常，人员要做好个人防护。

3）用机械方式除铁鳞设施，要保证密封、除尘和铁鳞处理装置有效，通风换气正常，人员要做好个人防护。

（9）防放射线危害

1）测厚仪、板形仪等装置的隔离和屏蔽措施必须牢固有效，周边有安全警示牌和禁止靠近的措施，非专业人员严禁接触设备。

2）射线型的料位、液位控制等装置的隔离和屏蔽措施必须牢固有效，周边有安全警示牌和禁止靠近的措施，非专业人员严禁接触设备。

第7章
工业气体安全使用及工伤预防

64. 氧气储罐的安全使用和储运注意事项有哪些?

氧气储存装置中比较常见的是中压氧气储罐(球罐),氧气储罐应满足以下安全要求:

(1)在选址及布置上,必须远离火源、冶金炉、高温源,并与可燃气、储液罐和管道隔离,与铁路、公路、建筑物、架空电力线保持一定的安全距离,要符合《建筑设计防火规范》(GB 50016—2014)的要求。

(2)设计、材料、耐压性能等必须符合国家标准的有关规定。

(3)焊接要严格把关。经压力容器焊接培训考核取得操作资格证的焊工方准施焊,一般采用X形坡口双面焊接,要焊透,不得有夹杂、裂纹、弧坑、气泡、咬肉等缺陷。施焊前要预热，焊条要烘干，焊缝返修不得超过两次。焊缝全部要用超声波探伤仪检查（内、外表面检查），并用磁粉探伤仪检查表面，用 X 射线拍片检查，抽查的比例越大越好，其中第三类压力容器抽查比例要达到 100%。

（4）氧气储罐要严格除锈脱脂。一般采用喷砂工艺，将金属表面打亮打光，既除锈又脱脂。为防止氧化，内壁要涂一层以锌粉、水玻璃为主调制而成的无机富锌涂料。储罐投用封人孔前，必须将内部杂物清除干净，用四氯化碳脱脂。

（5）要做强度试验、气密性试验。试验合格后，要用无油空气或氮气对储罐进行吹刷，直至用白布擦拭看不到水、杂质为止。

65. 液氧储罐的安全使用和储运注意事项有哪些?

氧由液体变为气体时体积要扩大 800 倍，所以，对液氧的安全要求比氧气更严格。除一般要求外，还要防止液氧中乙炔积聚析出而产生化学爆炸，防止液体剧烈蒸发而产生物理性爆炸，防止低温液体冻坏设备和冻伤人员等。

（1）液氧储罐一般放置在空分装置近旁的安全地点，远离火源、热源及可燃物。

（2）液氧储罐严禁超压。

（3）液氧储罐内的液氧不断蒸发，乙炔浓度有可能提高，产生积聚而析出。为了防爆，液氧储罐内的液氧应尽量边充边用，经常更新，防止乙炔积聚。每周分析一次液氧中的乙炔含量，超过标准限值要将液氧排空。

（4）压力表、真空计、液位计及报警系统、安全阀等，均要定期校验，要求准确、灵敏，确保安全。

（5）氧有磁感性，在放电作用下，易形成化学活性极高的臭氧，这是一种引爆激发能源。故液氧储罐周围半径 30 米以内的范围，严禁明火或电火花，必须用防爆电器。

66. 氧气钢瓶的安全使用和储运注意事项有哪些?

氧是强氧化剂。氧气钢瓶系移动式高压气瓶，数量大，流通范围广，使用条件多变，安全问题突出，必须严加管理。

气瓶要有制造钢印和历次定期检验时打的钢印，即制造标志和检验标志。为避免气瓶在充装、运输、储存、使用和定期检验中造成混淆而发生事故，同时为了保护气瓶外表面不被腐蚀，气瓶要有规定漆色。氧气瓶外表为天蓝色，字样为黑色。

为了氧气瓶的安全，除加强日常维护外，必须进行定期检验，周期为 3 年。

氧气钢瓶充装前要严格检查，对有下列情况之一者不得充装：漆色、字样与所装气体不符，模糊不清；安全附件（防爆膜、防振胶圈、瓶帽等）不全、损坏；瓶内无余压；气体种类不明；钢瓶标志不全或不能识别；超过检验期限；瓶体外观明显有撞、烧、摔等痕迹，或有腐蚀严重危及安全的缺陷；氧气瓶身或瓶阀粘有油污等。充装压力不得超过气瓶设计压力，严禁超压充装。充氧台严禁烟火、油脂。缓慢操作阀门，以免氧气剧烈冲击和绝热压缩发热。

（1）使用安全

1）禁止敲击、碰撞。

2）瓶阀冻结时，不得用火烘烤。

3）不得靠近热源，与明火距离不得小于 10 米。

4）不得用电磁起重机搬运。

5）夏季要防日光暴晒。

6）瓶内气体不能用尽，必须留有余压。

7）阀门开关要缓慢，人站立于侧面。

8）使用时，手及工具要禁油污。

（2）运输安全

1）旋紧瓶帽，轻装轻卸，严禁抛滑和撞击。

2）气瓶装车应妥善固定，汽车装运一般横向放置，头朝一方，装车不得超过车厢板。

3）夏季要有遮阳设施，不得暴晒。

4）车上禁止烟火，不得与易燃品、油脂和带油污物品同车运输，不得与氢气瓶同车运输。

5）运输车辆不得在人口稠密的闹市区或危险场所停留。

（3）储存安全

1）旋紧瓶帽，放置整齐，留有通道。立放时妥善固定，一般进入安全栏内，卧放时头朝一方，堆放不应超过五层，防止滚动。

2）气瓶仓库建筑应符合《建筑设计防火规范》(GB 50016—2014)的有关规定。

3）炎热夏季，要注意气瓶仓库温度，一般不超过 35 ℃，必要时应设法降温。

4）气瓶仓库地面应平坦、粗糙、防滑，门窗朝外开。

5）气瓶仓库严禁用煤炉、电炉等明火采暖，防雷装置必须接地良好，室内照明应采用防爆灯具。

67. 氧气管道的安全使用注意事项有哪些?

冶金企业的用氧大都敷设压力为 3 兆帕的中压系列的氧气管道，管路长、分布广、阀门多、管网复杂，燃爆事故较多，安全问题较为突出，对安全管理有严格的要求。

（1）氧气管道及液氧管道要可靠地接地，接地电阻应小于 10

欧，防止雷电及摩擦引起的静电感应，以免引起燃烧事故。

（2）架空氧气管道与电线、铁路、道路、建筑物、高温车间和明火作业场所等必须保持规定的安全距离。

（3）氧气管道与煤气管道共架时，管道间平行或交叉的净距不小于500毫米。燃油管道不宜与氧气管道并架敷设，必要时，燃油管在下，氧气管在上，安全净距离不少于500毫米。乙炔管只有当与氧气管用途相同时才允许共架，乙炔管要架在氧气管的上方（因乙炔气体比氧气密度小），净距离不小于1 000毫米。

（4）车间内部架空敷设氧气管道时，不得穿越生活福利间和行政办公区，以防止氧气泄漏造成事故。

（5）转炉、平炉、高炉、自动火焰清理机等用量大单位的氧气管道，其主管端头应设有放散管，以便于清扫。放散管要伸出屋顶或墙外空旷无明火处，放散管口应高出建筑物4.5米。车间调节阀组前应设氧气过滤器，以清除焊渣、铁锈等杂物，避免摩擦起火。

（6）氧气管道的直径、材质选择、安全流速应按有关规定来确定。

（7）氧气阀门必须严格脱脂，工作压力高于1.6兆帕的应使用铜合金或不锈钢阀门，工作压力低于1.6兆帕的可使用锻铸铁、球墨铸铁或钢制阀门。不准使用闸板阀，因闸板滑槽易存铁锈，关不严，操作时挤压滑槽铁锈易引起燃爆事故。与氧接触的部位严禁用可燃材料制作。

（8）氧气管道要除锈与脱脂。大口径氧气管道一般用喷砂工艺除锈和脱脂，也有在喷砂后再用四氯化碳浸泡脱脂。小口径氧气管道一般用四氯化碳灌泡、清洗脱脂，以防止氧气管道燃爆事故。

（9）氧气管道的焊接应采用氩弧焊或电弧焊（一般用氩弧焊打底，以减少焊渣），必须确保焊接质量。焊缝全部要做外观检查，并抽查 15% 做无损探伤（超声波探伤或 X 射线拍片检查）。

（10）管道要做强度试验、气密性试验，并用无油氮气或空气对管路进行清理。

（11）管理漆色时要谨防弄错。氧气管道油漆为天蓝色，压缩空气管道为深蓝色，纯氮管道为黄色，污氮管道为棕色，蒸汽管道为红色。

（12）氧气管道要经常检查维护，除锈刷漆 3~5 年一次，测管道壁厚 3~6 年一次。校验管道上的安全阀、压力表每年一次，要求灵敏好用，防止超压，防止泄漏。

（13）氧气管道不得乱接乱用，严禁用氧吹风、用氧生炉子。不得在氧气管道上打火引弧。

（14）氧气管道动火，必须办理动火审批手续。氧气要处理干净（放散或用氮气置换），含氧量小于 25%，方准动火。

（15）氧气管道的材质一般是碳素钢或不锈钢，属可燃性材料，若管内壁附着油脂就更具危险性。其爆炸激发能源有：高低压段之间的阀门突然打开时，低压段氧气急剧压缩，形成"绝热压缩"，局部温度猛升；开闭阀门时，阀芯与阀座撞击，阀门部件之间的摩擦；高速运动的物质微粒（如铁锈、灰尘、污渣等）与管壁的摩擦和撞击，和在阀门、弯头及焊瘤处的撞击；静电感应。

（16）氧气管道进行重大作业时，必须预先制定详细作业方案

（包括流程、方法、步骤、时间、分工、范围、责任、监护、确认等），并经有关领导和部门批准。

（17）氧气管道附近有液氧汽化补充设施时，切忌低温的液氧进入常温的氧气管道，以免产生液氧剧烈汽化，造成恶性燃爆事故。

68. 氮气的安全生产和使用注意事项有哪些？

（1）防止氮气窒息事故的注意事项

1）不得将纯氮气排入室内，氮压机机房通风换气要良好，必要时强制通风换气。

2）在氮气浓度高的环境里作业时，必须佩戴氧（空）气呼吸器。

3）检修充氮设备、容器、管道时，须先用空气置换，分析氧含量合格后（空气中的氧气含量必须大于19.5%）才能允许工作。

4）检修时应派专人看管氮气阀门，以防误开阀门而发生人身事故。

（2）防止氮压机爆炸事故的安全措施

1）不能选用汽缸用油润滑的氮压机，应选用无油润滑型，这样既能防爆，又能确保氮气质量。

2）停车后开车时要注意氮压机吸入氮气的纯度，空分装置的氮气纯度合格者才能送往氮压站，否则应放空。管路先用氮气清理，纯度合格方能开机，杜绝含氧量过高。这样既能防爆，又能满足用户对氮气纯度的要求。

（3）防止氮气燃爆事故的安全措施

1）要有完善的氮气压、送系统，氮压机运行要可靠，并要有备用机组，确保正常供应量与高峰负荷的需要。

2）要有完善的氮气储存系统。0.3 兆帕中压氮气球罐要有足够的储量，满足用户高峰用氮、事故用氮的需要，以调节供需的不平衡。重点用户应设置用户球罐，以满足特殊要求。当供气压力降低时，由储罐通过专设的调节阀组自动补气，使压力平衡。当氮压机停车、氮压站停电或氧站停产等事故状态时，靠球罐释放氮气，维持用户的用氮量需要。当氮气纯度降低时，也可暂时靠球罐释放氮气来维持用户需要。此外，中压氮气球罐可用于油库灭火，但必须专用。

3）要有完善的计控监测系统。氮气输出管道设置氮气纯度自动分析仪及超标报警装置。氮气输出管道设置氮气低压报警装置，低压时报警并自动采取措施。球罐与管网之间设置调压阀组，低压时自动由球罐向管网送气，以保证氮气压力，消灭低压和中断氮气事故。调节阀组要灵敏可靠，仪表气源最好从氮气球罐接出，即使氧站停产，调节阀组也要有气源，确保事故用氮。调节阀最好带手动装置，特殊情况能手动操作。空气分离装置与氮压站间设紧急情况联系信号，当空分装置停车时，能手动或自动向氮压站报警，采取措施，防止氮压机进出低纯氮气（空分装置停车时，精馏工况被破坏，氮气纯度下降）。

4）氮压站必须有严格的技术操作规程，并认真贯彻执行。氮压机开车必须首先清理管路放空。氮压站全停后开车，必须化验入口氮气纯度，合格后方能启动。

5）当多台空分装置同时向一个氮气系统供氮时，每台空分装置都必须设置氮气控制阀门，空分装置停车时，立即关闭阀门。阀门要严密可靠，避免停车后低纯氮气窜入系统，造成氮气含氧量超标而发生事故。

69. 氢气的安全生产和使用注意事项有哪些?

（1）氢气站属甲类火灾危险性建筑物，必须符合《建筑设计防火规范》（GB 50016—2014）的有关要求，一般应单独建于明火热源的上风向的僻静处，与四周隔离，严禁烟火。站内不准堆放易燃易爆或油类物质，不准穿钉鞋进入。氢气站的建筑结构必须符合耐火等级要求，一般不低于二级，与其他建筑物间有足够的安全间距，一般为 12~16 米。氢气储罐与明火或散发火花的地点、

严禁烟火。站内不准堆放易燃易爆或油类物质，不准穿钉鞋进入。

民用建筑、易燃可燃液体储罐和易燃材料堆场等之间的安全距离，一般为 25~30 米。

（2）氢气站的防雷接地要良好，要防止静电感应，避免一切火花引爆事故。氢气站内要用防爆电器，包括防爆电动机、防爆开关、防爆启动器等。

（3）氢气管道要架空敷设，不许敷设在地沟中或直埋土中，以利排除故障和排出泄漏的氢气，避免燃爆。氢气管道不得穿过无关的建筑物和生活区，管道的最低点要设排水装置，最高点设放散吹刷管，管口设阻火器，防止火星或雷击时火花进入管道。管道上应设氮气吹扫口，用氮气置换氢气后才能进行管道的动火作业。为防止氢气流速过高，与管壁摩擦产生火花和静电感应，要选择适当的管道口径，限制氢气的流速（小于 8 米 / 秒）。为杜绝因氢气泄漏而引起火灾，氢气管道要做强度试验与气密性试验，合格的方能投用，发现泄漏要及时处理，消除隐患。

（4）氢气站的水封、安全阀、阻火器等安全装置必须完好。在氢气管路上、氢气洗涤器出口、氢气储罐进出口、备用入口等处，均应设置水封，防止回火，冬季要防冻，一般通蒸汽保温。

（5）氢气站要有通风换气设施，防止氢气积聚引爆。室内含氢量要自动检测，超标时报警，或定期进行人工检测，室内含氢量应低于 0.4%。

（6）电解槽体及碱液系统的设备要防止腐蚀，一般采用不锈钢等耐腐蚀材料制作。

（7）氢气站不仅要严禁烟火，而且要有严密的消防安全制度，配置足够的消防器材，如干粉灭火器、四氯化碳灭火器、二氧化碳泡沫灭火器、沙、水及消防氮气管道等。

（8）制氢生产中氢侧与氧侧的压力要均衡，最大压差不超过1 000帕，防止氢氧互窜，形成爆炸性混合气体。

（9）制氢系统要严格试压查漏，防止泄漏氢气、氧气和碱液。

（10）严禁在室内放散氢气，必须用管道引至室外放散，放散口应设阻火器。

（11）加强监测工作。氢气纯度若低于98%，要立即采取措施，防止氢中含氧量过高而引起爆炸。每周测一次极间电压，极间电压要均衡正常，一般为2.0~2.2伏。室内氢气浓度也要监测，超标时报警。

（12）氢压机的安全防爆尤为重要。氢气升压要缓慢，不得带负荷停车（事故状态例外）。运转时要保证冷却与润滑，注意吸排气阀的工作状况，严禁超温超压运行。汽缸应采用无油、无水润滑，要防止传动装置润滑油被拉杆带入填料盒及汽缸污染氢气，降低其纯度。

（13）氢气储柜要防雷，接地良好。水槽设蒸汽管，防止冬季冻坏储柜泄漏氢气。出入口设有安全隔离水封，以备事故状态时防止火灾蔓延与爆炸。储柜钟罩位置要有标尺显示，并有高低位报警，防止超压或抽负压。

（14）中压氢气球罐比氧气球罐的燃爆危险性更大，必须严格遵循国家标准有关规定。

（15）一旦氢气着火，必须立即切断气源，保持系统正压，防止回火，立即采取冷却、隔离、灭火等措施，防止事态扩大。

70. 煤气中毒的预防和处理措施有哪些?

（1）煤气中毒事故的预防

在煤气三大事故（中毒、火灾、爆炸）中，煤气中毒事故发生的概率比较高，在回收、净化和输配、使用的各个环节中，稍有不慎，就会造成人员的中毒。但只要我们树立"安全第一"的思想，掌握煤气基础知识，做好以下工作就能预防煤气中毒事故的发生。

1）建立健全并落实各项规章制度（岗位责任制、双人操作制、定期检测制、监护制、危险作业审批制等），开展对煤气设备、设施、装置的安全性评价，提高其安全可靠程度。

2）在措施上加以防范，完善煤气防护、监测报警系统。对进

入危险区域作业的人员配备便携式一氧化碳检测仪，对用量大、流量高、危险程度高的作业场所，安装固定式一氧化碳监测报警系统。根据本企业的特点，建立相应等级的煤气防护机构，并设立兼职或专职煤气防护员。危险性大的作业现场及人员应配备足够的呼吸防护器材，以备在发生煤气泄漏事故时使用。

3）定期组织煤气专项安全检查，及时消除事故隐患。

（2）煤气中毒事故的处理

1）将中毒者迅速救离现场，安置在空气新鲜的上风或侧风处，解除一切阻碍呼吸的衣物，并注意保暖。

2）根据中毒者的情况采取相应的急救措施。

71. 煤气火灾的预防和处理措施有哪些？

（1）煤气着火事故的预防

1）控制煤气外泄。对煤气的生产设备、回收净化装置、输配管道、容器等要尽可能密闭。对内部具有压力的设备，在使用前应进行气密性试验，试验及验收标准应严格按《工业企业煤气安全规程》（GB 6222—2005）的要求，对煤气水封、阀门、人孔等经常做严密性检查，特别是排水管、阀门、焊缝及设备腐蚀情况应有定期检查制度，发现有泄漏或腐蚀严重情况时，应立即采取措施，杜绝泄漏现象。

2）加强对煤气区域的管理，在煤气设备、设施附近应划分管理范围，明确管理责任。在煤气区域边界及边界以内，应设立醒目的安全标志与警示牌，无关人员不得进入。对危险性较大的煤气区域或因其他原因近阶段危险性增加的区域，进入前要进行签证，落实有效的安全措施，并严格管理火种。

3）防止无意带入火种。煤气区域内不得堆放易燃物品，临时放置的应有安全防范措施，并在规定的时间内予以清除。煤气区域内不得有明火、高温物品，严禁在煤气区域、场所抽烟。

4）煤气设备动火，应办理动火审批手续，落实安全措施。

5）煤气设施、区域及其防间距的平面布置应全面考虑，合理布局，正确处理生产与安全、局部与整体、近期和远期的关系。总平面布置应符合防火、防爆基本要求，满足设计规范及标准的规定，合理布置消防通道、输配管线。煤气设施、储柜等不应设置在人员集中的场所和有可能成为引火源的设备下风侧。

（2）煤气火灾的处理

煤气着火后，对火焰不大的初起火灾，可用灭火器、黄沙、湿泥等扑灭。直径小于100毫米的煤气管道火灾，应立即关闭阀门，切断煤气来源，以达到熄火的目的。直径大于100毫米的煤气管道火灾，应先向煤气管道内通蒸汽或氮气，再关闭阀门，以防止煤气回火。这里应该注意的是，如果扑灭了火焰，煤气不经过燃烧直接外泄在空间，这时在泄漏的危险范围内有人作业，则有可能发生中毒事故。所以，处理煤气火灾应从多方面加以考虑，防止发生其他事故，且要有专人指挥，设立警戒范围，灭火人员要做好自我防护措施。

72. 煤气爆炸的预防和处理措施有哪些？

（1）煤气爆炸的预防

煤气爆炸的条件是煤气与空气或氧气混合，在一定的空间范围内达到可爆炸的浓度，也就是说在爆炸极限范围内，若遇点火源，即会发生爆炸。

1）要防止煤气爆炸，控制煤气与助燃气体的混合至关重要。所以，要求煤气设备、管道在正压下操作时，应保持其严密，特别是回收煤气，应严格掌握煤气中的含氧量，一旦超过规定要求，应立即停止回收。

2）对停止运行的煤气设备、管道，一般采取保压处理，长期停用的设备应进行置换，可用氮气或蒸汽进行吹扫，经测定后应符合安全要求。经处理后的设备、管道还应打开足量的闷盖、人孔，一方面可以接通大气，使设备、管道内部与大气产生对流，另一方面在发生爆炸时，可有足够的泄漏面积，不至于损坏煤气设备。

3）控制煤气爆炸的另一个重要环节，是控制引爆能源。因为作为煤气引爆源的火种很多，故应根据现场的不同情况，采用相应的控制手段，如在有爆炸危险的场所使用防爆电气设备，严禁堆放易燃物品等。

4）煤气爆炸除在正常生产时由于设备故障、操作失误等原因引起外，煤气设施的动火作业也容易发生事故。所以，动火管理工作执行应当严格，不论是经过置换后常压动火，还是带压动火，控制不当都会发生爆炸事故。所以，经过置换后的煤气设备动火前，应进行取样分析，符合动火安全要求后方能动火，在办理好动火审批手续后，现场应有专人监护。动火完毕应及时清理火种，并有认可手续。带压动火应严格控制煤气压力，要有专人监视，一旦发现压力波动较大，应立即通知停止作业。

5）在使用煤气过程中，也应防止煤气爆炸的发生，炉窑、烧嘴点火，应严格执行先点火后给煤气的原则。炉窑第一次点火不成功，应排尽炉膛内残余煤气，然后再按点火操作程序操作。

6）为了防止煤气爆炸的发生，应加强对危险区域的管理，作为气体爆炸危险的场所，按其危险程度的大小分为以下 3 个区域等级来加强管理。0 级区域（简称 0 区）：在正常情况下，爆炸性气体混合物连续短时间频繁地出现或长时间存在的场所。1 级区域（简称 1 区）：在正常情况下，爆炸性气体混合物有可能出现的场所。2 级区域（简称 2 区）：在正常情况下，爆炸性气体混合物不能出现，仅在不正常情况下偶尔短时间出现的场所。

（2）煤气爆炸的处理

1）煤气爆炸发生后，应有组织地进行处理，及时保护现场，立即抢救受伤人员。进入煤气区域的抢险人员，必须注意爆炸现场的煤气扩散情况，特别在爆炸现场的下风处，应及时组织人员离开，防止飘逸的煤气引起人员中毒。抢险人员在进入有残余煤气的区域时，应佩戴空气（氧气）呼吸器，抢险组织者应组织有关人员采取有效的措施防止事故扩大。

2）事故发生后，应遵循"四不放过"（事故原因未查清不放过；责任人员未处理不放过；整改措施未落实不放过；有关人员未受到教育不放过）原则，对事故进行认真的分析，以杜绝类似事故再次发生。

第 **8** 章
冶金工伤现场
急救知识

73. 发生烧伤如何急救？

（1）立即用自来水冲洗或浸泡烧伤部位 10~20 分钟，也可使用冷敷方法。冲洗或浸泡后尽快脱去或剪去着火的衣服或被热液浸渍的衣服。

（2）轻度烧伤，用清水冲洗后揾干，局部涂烫伤膏，无须包扎。面积较大的烧伤创面可用干净的纱布、被单、衣服覆盖。

（3）发生窒息，应尽快解除呼吸道阻塞，如果呼吸停止，立即进行心肺复苏。

（4）密切观察伤员有无进行性呼吸困难，并及时护送到医院进一步诊断治疗。

（5）尽量不挑破水疱。较大的水疱可用缝衣针经火烧烤几秒钟或用75%酒精消毒后刺破水泡，放出疱液，但切忌剪除表皮。寒冷季节注意保暖。

（6）烧伤创面上切不可使用药水或药膏等涂抹，以免掩盖烧伤程度。

（7）千万不要给口渴伤员喝白开水。

74. 怎样做口对口人工呼吸？

（1）将患者置于仰卧位，施救者站在患者右侧，将患者颈部伸直，右手向上托患者的下颌，使患者的头部后仰。这样，患者的气管能充分伸直，有利于人工呼吸。

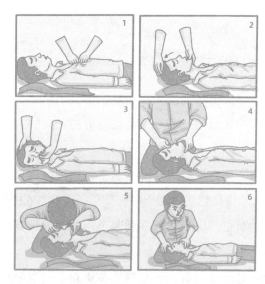

（2）清理患者口腔，包括痰液、呕吐物及异物等。

（3）用身边现有的清洁布质材料，如手绢、小毛巾等盖在患者嘴上，防止传染病。

（4）左手捏住患者鼻孔（防止漏气），右手轻压患者下颌，把口腔打开。

（5）施救者自己先深吸一口气，用自己的口唇把患者的口唇包住，向患者嘴里吹气。吹气要均匀且持久（像平时长出一口气一样），但不要用力过猛。吹气的同时用眼睛余光观察患者的胸部，如看到患者的胸部膨起，表明气体吹进了患者的肺脏，吹气的力度合适；如果看不到患者胸部膨起，说明吹气力度不够，应适当加强。吹气后待患者膨起的胸部自然回落后，再深吸一口气重复吹气，反复进行。

（6）对一岁以下婴儿进行抢救时，施救者要用自己的嘴把孩子的嘴和鼻子全部都包住进行人工呼吸。对婴幼儿和儿童施救时，吹气力度要减小。

（7）每分钟吹气 10~12 次。

（8）只要患者未恢复呼吸，就要持续进行人工呼吸，不要中断，直到救护车到达，交给专业救护人员继续抢救。

（9）如果身边有面罩和呼吸气囊，可用面罩和呼吸气囊进行人工呼吸。

75. 胸外心脏按压法的基本要领是什么？

（1）使伤员仰卧在比较坚实的地面或地板上，解开衣服，清除口内异物，然后进行急救。

（2）救护人员蹲跪在伤员腰部一侧，或跨腰跪在其腰部，两手相叠，如图 a 所示。将掌根部放在被救护者胸骨下 1/3 的部位，即把中指尖放在其颈部凹陷的下边缘，手掌的根部就是正确的压点，如图 b 所示。

（3）救护人员两臂肘部伸直，掌根略带冲击地用力垂直下压，压陷深度为 3~5 厘米，如图 c 所示。成人每秒钟按压一次，太快和太慢效果都不好。

（4）按压后，掌根迅速全部放松，让伤员胸部自动复原。放松时掌根不必完全离开胸部，如图 d 所示。按以上步骤连续不断地进行操作，每秒钟一次。按压时定位必须准确，压力要适当，不可用力过大过猛，以免挤压出胃中的食物，因堵塞气管而影响呼吸，或造成肋骨折断、气血胸和内脏损伤等。也不能用力过小，而起不到按压的作用。

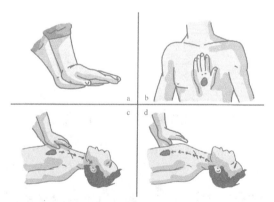

（5）伤员一旦呼吸和心搏均已停止，应同时进行口对口（鼻）人工呼吸和胸外心脏按压。如果现场仅有 1 人救护，两种方法应交替进行，每吹气 2 次，再按压 30 次。

（6）进行人工呼吸和胸外心脏按压急救，在救护人员体力允许的情况下，应连续进行，尽量不要停止，直到伤员恢复自主呼吸与脉搏跳动，或有专业急救人员到达现场。

76. 骨折固定应注意哪些事项？

（1）在处理开放性骨折时，局部要做清洁消毒处理，用纱布将伤口包好，严禁把暴露在伤口外的骨折端送回伤口内，以免造成伤口污染和再度刺伤血管与神经。

（2）对于大腿、小腿、脊椎骨折的伤者，一般应就地固定，不要随便移动伤者，不要盲目复位，以免加重损伤程度。如上肢受伤，可将伤肢固定于躯干；如下肢受伤，可将伤肢固定于另一健肢。

（3）骨折固定所用的夹板长度与宽度要与骨折肢体相称，其长度一般以超过骨折上下两个关节为宜。

（4）固定用的夹板不应直接接触皮肤。在固定时可将纱布、三角巾、毛巾、衣物等软材料垫在夹板和肢体之间，特别是夹板两端、关节骨头突起部位和间隙部位，可适当加厚垫，以免引起皮肤磨损或局部组织压迫坏死。

（5）固定、捆绑的松紧度要适宜，过松达不到固定的目的，过紧影响血液循环，导致肢体坏死。固定四肢时，要将指（趾）端露出，以便随时观察肢体血液循环情况。如出现指（趾）苍白、发冷、麻木、疼痛、肿胀、甲床青紫等症状时，说明固定、捆绑过紧，血液循环不畅，应立即松开，重新包扎固定。

（6）对四肢骨折固定时，应先捆绑骨折端处的上端，后捆绑骨折端处的下端。如捆绑次序颠倒，则会导致再度错位。上肢固定时，肢体要屈着绑；下肢固定时，肢体要伸直绑。

（7）要注意伤口和全身状况。如伤口出血，应先止血，包扎固定；如出现休克或呼吸、心搏骤停时，应立即进行抢救。

77. 冶金职工断肢或断指如何急救？

（1）让伤者躺下，用一块纱布或清洁的布块，放在断肢的伤口上，再用绷带或围巾包扎。

（2）立即派人找回断肢或断指。如果断肢或断指仍在机器中，需立即拆开机器取出，同伤员一起送往医院，以备断肢或断指再植手术。

（3）断肢或断指要用无菌或清洁的纱布包扎，置于塑料袋中密封，最好再用放入有冰的容器中，切勿直接浸泡在任何液体或直接放置于冰块中。

（4）尽快前往有条件的专科医院就诊，迅速组织进行再植手术，尽量争取在 6~8 小时内完成再植手术。

78. 如何正确搬运伤员？

在对伤员进行急救之后，就要把伤员迅速地送往医院。此时，正确地搬运伤员是非常重要的。如果搬运不当，可使伤情加重，严重时还可能造成神经、血管损伤，甚至瘫痪，难以治愈。因此，对伤员的搬运应十分小心。

（1）如果伤员伤势不重，可采用扶、掮、背、抱的方法将伤员运走。

1）单人扶着行走。左手拉着伤员的手，右手扶住伤员的腰部，慢慢行走。此法适用于伤势不重、神志清醒的伤员。

2）肩膝手抱法。伤员不能行走，但上肢还有力量，可让伤员钩在救护人员颈上。此法禁用于脊柱骨折的伤员。

3）背驮法。先将伤员支起，然后背着走。

4）双人平抱着走。两位救护人员站在同侧，抱起伤员走。

（2）针对不同伤情，应采用不同的搬运法。

1）脊柱骨折伤员的搬运。对于脊柱骨折的伤员，一定要用木板做的硬担架抬运。应由 2~4 人搬运，使伤员成一线起落，步调一致。切忌一人抬胸，一人抬腿。将伤员放到担架上以后，要让他平卧，腰部垫一个靠垫，然后用 3~4 根皮带把伤员固定在木板上，以免伤员在搬运中滚动或跌落，造成脊柱移位或扭转，刺激血管和神经，使下肢瘫痪。无担架、木板，需众人用手搬运时，救护人员中必须有一人双手托住伤员腰部，切不可单独一人用拉、拽的方法抢救伤员，否则易把伤员的脊柱神经拉断，造成下肢永久性瘫痪的严重后果。

2）颅脑伤昏迷伤员的搬运。搬运时要两人以上，重点保护头部。将伤员放到担架上，采取半卧位，头部侧向一边，以免呕吐物阻塞气道而窒息。如果有暴露的脑组织，应加以保护。抬运前，头部给以软枕，膝部、肘部应用衣物垫好，头颈部两侧垫衣物以使颈部固定，防止来回摆动。

3）颈椎骨折伤员的搬运。搬运时，应由一人稳定头部，其他人以协调力量将其平直抬到担架上，头部左右两侧用衣物、软枕加以固定，防止左右摆动。

4）腹部损伤伤员的搬运。严重腹部损伤者，多有腹腔脏器从伤口脱出的情况，可采用布带、绷带做一个略大的环圈盖住加以保护，然后固定。搬运时采取仰卧位，并使下肢屈曲，防止腹压增加而使肠管继续脱出。

79. 如何救助中暑人员？

在既有高温，同时空气湿度大或者热辐射强而风速又小的环境中作业，如果劳动强度过大、作业时间过长，作业人员极容易发生中暑。轻度中暑的初期症状为头晕、眼花、耳鸣、恶心、心慌、乏力。重度中暑患者会有体温急速升高，出现突然晕倒或痉挛等现象。

对中暑患者的现场急救原则：对于轻度中暑患者，应立即将其移至阴凉通风处休息，擦去汗液，给予适量的清凉含盐饮料，并可选服人丹、十滴水、避瘟丹等药物，一般患者可逐渐恢复；对于重度中暑患者，必须立即送往医院。

80. 常用的绷带包扎法有哪些？

（1）环形法

将绷带做环形重叠缠绕。第一圈环绕稍做斜状，第二、第三圈做环形，并将第一圈的斜出一角压于环形圈内，最后用橡皮膏将带尾固定，也可将带尾剪开两头打结。此法是各种绷带包扎中最基本的方法，多用于手腕、肢体等部位。

（2）蛇形法

先将绷带按环形法缠绕数圈。按绷带的宽度做间隔斜形上缠或下缠。

（3）螺旋形法

先按环形法缠绕数圈。上缠每圈盖住前圈的 1/3 或 2/3，呈螺旋形。

（4）螺旋反折法

先按环形法缠绕数圈。做螺旋形法的缠绕，等缠到渐粗处时将每圈绷带反折，盖住前圈的 1/3 或 2/3，依次由上而下缠绕。

（5）8 字形法

在关节弯曲的上方、下方，先将绷带由下而上缠绕；再由上而下 8 字形来回缠绕。

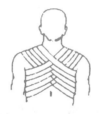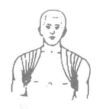

（6）三角巾包扎法

对较大创面、固定夹板、手臂悬吊等，应用三角巾包扎法。

81. 常用的止血法有哪几种？

（1）一般止血法

针对小的创口出血。需用生理盐水冲洗消毒患部，然后覆盖多层消毒纱布并用绷带扎紧包扎。

（2）填塞止血法

将消毒的纱布、棉垫、急救包填塞、压迫在创口内，外用绷带、三角巾包扎，松紧度以达到止血为宜。

（3）绞紧止血法

把三角巾折成带形，打一个活结，取一根小棒穿在带子外侧绞紧，将绞紧后的小棒插在活结小圈内固定。

（4）加垫屈肢止血法

加垫屈肢止血法是适用于四肢非骨折性创伤的动脉出血的临时止血措施。当前臂或小腿出血时，可于肘窝或腘窝内放纱布、棉花、毛巾，屈曲关节，用绷带将肢体紧紧地缚于屈曲的位置。

（5）指压止血法

指压止血法是动脉出血最迅速的一种临时止血法，是用手指或手掌在伤部上端用力将动脉压瘪于骨骼上，阻断血液通过，以便立即止住出血，但仅限于身体较表浅的部位、易于压迫的动脉。

（6）止血带止血法

止血带止血法主要是用橡皮管或胶管止血带将血管压瘪而达到止血的目的。左手拿橡皮带、后头约 16 厘米要留下；右手拉紧环体扎，前头交左手，中食两指挟，顺着肢体往下拉，前头环中插，保证不松垮。如遇到四肢大出血，需要止血带止血，而现场又无橡胶止血带时，可在现场就地取材。

指压止血法的具体方法是：

（1）肱动脉压迫止血法

此法适用于手、前臂和上臂下部的出血。止血方法是用拇指或其余四指在上臂内侧动脉搏动处，将动脉压向肱骨，达到止血的目的。

（2）股动脉压迫止血法

此法适用于下肢出血。止血方法是在腹股沟（大腿根部）中点偏内，动脉跳动处，用两手拇指重叠压迫股动脉于股骨上，制止出血。

（3）头部压迫止血法

压迫耳前的颈浅动脉，适用于头顶前部出血。面部出血时，压迫下颌骨角前下凹内的颌动脉。头面部较大的出血时，压迫颈部气管两侧的颈动脉，但不能同时压迫两侧。

（4）手部压迫止血法

如手掌出血时，压迫桡动脉和尺动脉。手指出血时，压迫出血手指的两侧指动脉。

（5）足部压迫止血法

足部出血时，压迫胫前动脉和胫后动脉。